1+X 职业技能等级证书配套教材
——"无人机驾驶"职业技能等级证书

无人机驾驶 | 中级

北京优云智翔航空科技有限公司　组编

□ 主 编 孙 毅

高等教育出版社·北京

内容简介

本书是 1+X "无人机驾驶" 职业技能等级证书配套教材。

本书依据教育部批准、教育部职业技术教育中心研究所公布的《无人机驾驶职业技能等级标准》中对中级部分的要求编撰而成，以系统学习相关知识点为前提和基础，着重于无人机驾驶的职业技能培训、考核与评价。

本书按照《无人机驾驶职业技能等级标准》中级部分的要求，对无人机在农业、工业、传媒、交通、运输、建筑、遥感、能源、水利、环保、安全、应急等应用领域中有关驾驶技能要求，通过安排理论及技能实施课程，使学生可以按照厂家手册安装无人机系统及任务载荷，进行必要的飞行前安全检查，操纵无人机在超视距场景下起降与运行，并依据无人机系统手册完成日常的检查与维护等工作。

本书是 "无人机驾驶职业技能等级证书（中级）" 培训教材，可作为中等职业学校、高等职业院校及应用型本科院校无人机相关专业的教学用书，也可作为从事无人机驾驶相关社会从业人员的参考用书。

图书在版编目（CIP）数据

无人机驾驶：中级 / 北京优云智翔航空科技有限公司组编；孙毅主编.--北京：高等教育出版社，2021.4（2022.11重印）

ISBN 978-7-04-055224-9

Ⅰ.①无…　Ⅱ.①北…②孙…　Ⅲ.①无人驾驶飞机 – 驾驶术 – 职业技能 – 鉴定 – 教材　Ⅳ.①V279

中国版本图书馆CIP数据核字（2020）第210532号

Wurenji Jiashi（Zhongji）

策划编辑	孙　薇	责任编辑	孙　薇	封面设计	王　洋	版式设计	马　云
插图绘制	邓　超	责任校对	刘丽娴	责任印制	朱　琦		

出版发行	高等教育出版社	网　　址	http://www.hep.edu.cn
社　　址	北京市西城区德外大街 4 号		http://www.hep.com.cn
邮政编码	100120	网上订购	http://www.hepmall.com.cn
印　　刷	三河市华骏印务包装有限公司		http://www.hepmall.com
开　　本	787mm×1092mm　1/16		http://www.hepmall.cn
印　　张	14.5		
字　　数	340千字	版　　次	2021 年 4 月第 1 版
购书热线	010-58581118	印　　次	2022 年 11 月第 2 次印刷
咨询电话	400-810-0598	定　　价	59.80元

1+X "无人机驾驶" 职业技能等级证书配套教材编写委员会

主任委员：张　峰　　王英勋　　柯玉宝

副主任委员：孙　毅　　兰玉彬　　段志勇　　陈　铭
　　　　　　张会军

委　　员：杨　苡　　杨　诺　　武如通　　郭　栋
　　　　　郝文雪

执行委员：王夏峥　　郝　琦　　孟雅妮　　何　宁
　　　　　张　力　　陈咚冬　　梁文广　　孙芳芳
　　　　　郭知疑　　王汉清　　杨　格　　高鹏举
　　　　　张　娜　　郗子豪　　许　召　　张　凯

前　言

随着国内无人机行业的兴起，针对日益增多的无人机飞行活动和监管需求，北京优云智翔航空科技有限公司于 2015 年起率先提出无人机动态平台云监管概念，搭建全国首个无人机动态运行监管平台，面向无人机驾驶从业人员、无人机企业以及无人机监管部门等单位提供信息化解决方案，专注于低空航空器政策研究、低空航空器信息化设备研发，以及低空航空信息系统建设等，并于 2019 年获得教育部批准成为 1+X 证书制度职业教育培训评价组织，承接"无人机驾驶"职业技能等级证书试点项目的组织实施工作。

本书依据教育部批准的《无人机驾驶职业技能等级标准》中对中级部分的要求，以无人机驾驶基础知识为主线，以实践技能案例项目为载体编撰而成，主要面向农业、工业、传媒、交通、运输、建筑、遥感、能源、水利、环保、安全、应急等应用领域的无人机操控岗位。

本书的完成得益于很多人的支持。在编写过程中，我们与国内众多专家学者和业内资深人士进行了深入交流和讨论，广泛采纳和吸取了他们的观点和建议。在此特别感谢中国航空器拥有者及驾驶员协会(中国 AOPA)、北京航空航天大学、北方天途航空技术发展(北京)有限公司、北京蓝天飞扬科技有限公司及北京长鹰未来花园教育科技有限公司的突出贡献。本书部分内容引用自网络公开资料，在此对资料的作者一并表示感谢。

限于编者的知识理论水平和实践经验，书中不妥之处在所难免，敬请读者斧正。

北京优云智翔航空科技有限公司

2021 年 1 月

目 录

项目 1

无人机驾驶(中级)飞行准备

 项目描述

1. 证书技能要求

职业技能等级标准描述——飞行准备部分见表 1-1。

表 1-1 职业技能等级标准描述——飞行准备部分

工作任务	职业技能
系统安装	<ul><li>能按照标准装配无人机平台机体</li><li>能按照地面控制站运行要求完成地面控制站以及相关链路硬件的搭设</li><li>能按照燃油安全使用要求完成油动无人机的动力装置所使用燃油的加注</li><li>能按照动力电源使用安全要求完成电动无人机的电池匹配性改装与安装</li><li>能依据操作规范,完成无人机平台与地面控制站的连接</li></ul>
任务载荷装配	<ul><li>能按照作业种类,正确完成一般信息探测类设施设备的配置</li><li>能依据作业要求与作业规范,正确完成任务载荷设备的安装</li><li>能根据作业程序,完成任务载荷地面模拟运行测试</li></ul>
系统飞行前检查	<ul><li>能按照飞行手册完成无人机机身与接线检查</li><li>能完成重量与配平调整</li><li>能按照安全操作程序完成电动或油动动力装置检查</li><li>能按照安全操作程序完成飞行控制链路检查</li><li>能完成无人机辅助定位系统校准所需的操作</li><li>能完成飞行环境安全确认</li></ul>

2. 项目引入

"飞行无小事"。安全永远是航空的最重要指标。那么,如何确保无人机的安全驾驶呢?首要的就是做好飞行准备。

"麻雀虽小,五脏俱全"。当今的无人机虽然尺寸上还赶不上载人飞机,但是却实打实的是一个包含机、站、链的庞大系统。要想让这个庞大系统能够安全地飞行,就必须对其每一部分有所了解,也必须在起飞前,对其每一部分进行必要的检查与准备。

本项目将通过无人机各分系统、子系统知识点的讲解和系统安装、任务载荷装配、飞行前检查的实际操作,使学员掌握无人机驾驶飞行准备阶段的技能。

3. 知识、技能分解导图

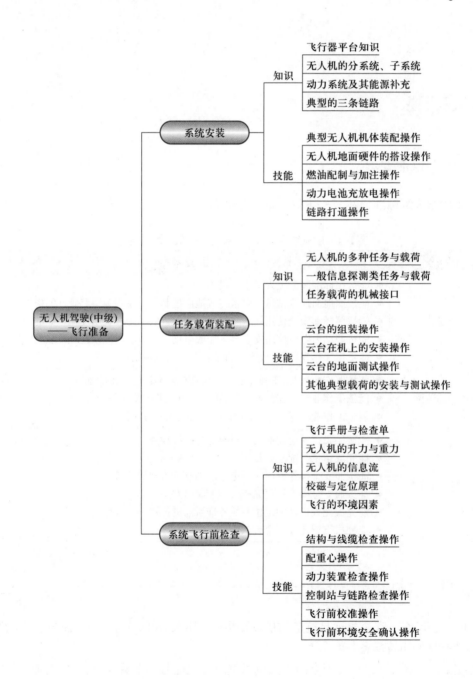

- 无人机驾驶(中级)——飞行准备
  - 系统安装
    - 知识
      - 飞行器平台知识
      - 无人机的分系统、子系统
      - 动力系统及其能源补充
      - 典型的三条链路
    - 技能
      - 典型无人机机体装配操作
      - 无人机地面硬件的搭设操作
      - 燃油配制与加注操作
      - 动力电池充放电操作
      - 链路打通操作
  - 任务载荷装配
    - 知识
      - 无人机的多种任务与载荷
      - 一般信息探测类任务与载荷
      - 任务载荷的机械接口
    - 技能
      - 云台的组装操作
      - 云台在机上的安装操作
      - 云台的地面测试操作
      - 其他典型载荷的安装与测试操作
  - 系统飞行前检查
    - 知识
      - 飞行手册与检查单
      - 无人机的升力与重力
      - 无人机的信息流
      - 校磁与定位原理
      - 飞行的环境因素
    - 技能
      - 结构与线缆检查操作
      - 配重心操作
      - 动力装置检查操作
      - 控制站与链路检查操作
      - 飞行前校准操作
      - 飞行前环境安全确认操作

👷 4. 条件准备

教具多旋翼无人机平台	教具固定翼无人机平台	教具无人直升机平台
教具地面站	教具任务载荷	配套设备与工具
飞行前检查单		

任务 1.1　飞行器平台安装操作

无人机飞行器平台装配是整个无人机系统安装的第一步。为顺利掌握这一技能,需要了解无人机飞行器平台的多样性、平台组成等相关知识,熟悉典型无人机飞行器平台装配的相关操作。

🛠 知识准备 >>>

1.1.1　什么是飞行器平台

能够脱离地面,在空间运动的东西都可以称之为飞行器平台,简称飞行器。其中,在大气层内飞行的是航空器,如固定翼飞机、直升机等;在大气层外飞行的是航天器,如飞船、空间站、卫星等。图 1-1 所示为飞行器平台。

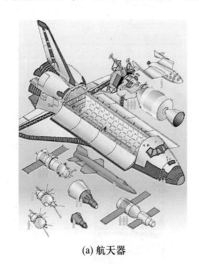

(a) 航天器

(b) 航空器

图 1-1　飞行器平台

航空器又主要分为轻于空气的飞艇、气球和重于空气的固定翼飞行器、旋翼飞行器、扑翼飞行器,以及变模态飞行器等,如图 1-2 所示。

(a) 现代硬式飞艇

(b) 探空气球

(c) 我军武直-10"霹雳火"武装直升机

(d) 世界最重航空器安-225"梦想"运输机(固定翼,起飞重量650 t)

(e) 北航"微蝠"扑翼无人机　　　　　　(f) "海鹞" 垂直起降战斗机(变模态)

图 1-2　航空器平台

1.1.2　典型飞行器平台

就飞行器本身而言,有人和无人并没有什么本质区别。按照现在的技术,如果需要,可以把任何有人飞行器改造成无人飞行器。

单就航空器这一块来讲,经过 100 多年的发展。载人机中,固定翼的客机和战斗机成了主流,还有一部分是尾桨单旋翼直升机,其他类型航空器很少。而无人机经过这 20 年的极速发展,也出现了固定翼、直升机、多旋翼无人机三足鼎立的局面,其中多旋翼无人机的绝对数量又是最多的,如图 1-3 所示。因此,要掌握无人机的驾驶技术,必须对固定翼、直升机、多旋翼无人机的知识都有所了解才行。

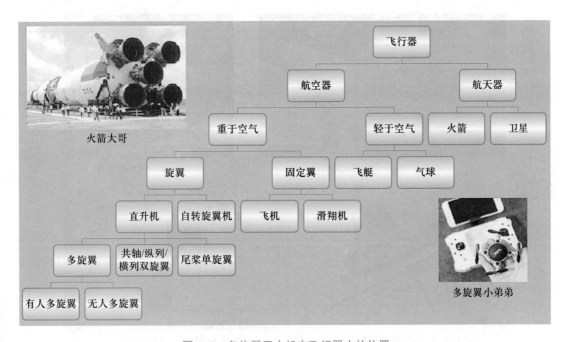

图 1-3　多旋翼无人机在飞行器中的位置

1. 固定翼无人机

固定翼飞行器由固定的翼面产生升力。

固定翼飞行器平台主要由机身、主翼、尾翼、操纵面、动力系统、起落架等部件及各类机载装置与设备组成,如图 1-4 所示。

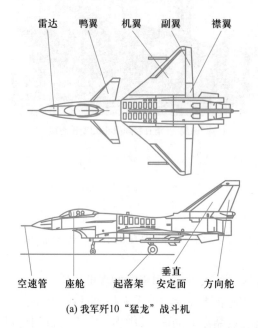
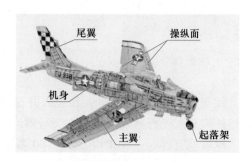

(a) 我军歼10"猛龙"战斗机

(b) 美国F-86"佩刀"战斗机

图 1-4　固定翼飞行器平台

固定翼无人机的大小不同,机身、机翼等部件的装配方式也各不相同,如图 1-5 所示。

(a) 最小号的一般用橡皮筋捆绑

(b) 大一点的用螺栓直连

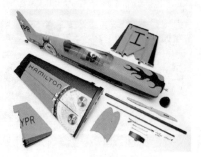

(c) 再大一点的用插销管连接

(d) 最大号的又会使用螺栓连接

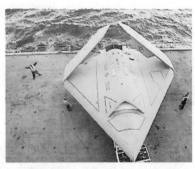
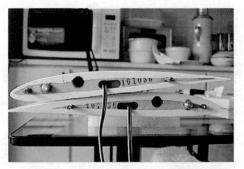

(e) 还有些无人机机身和机翼是折叠的　　(f) 哪种方式都不要忘记机身、机翼电缆的连接

图 1-5　固定翼无人机的装配方式

2. 无人直升机

旋翼飞行器由旋转的翼面产生升力。我们习惯把旋翼少于 3 个的旋翼飞行器称为直升机。而最典型的直升机就是尾桨单旋翼直升机，如图 1-6 所示。

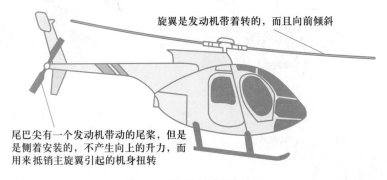

旋翼是发动机带着转的，而且向前倾斜

尾巴尖有一个发动机带动的尾桨，但是是侧着安装的，不产生向上的升力，而用来抵销主旋翼引起的机身扭转

图 1-6　尾桨单旋翼直升机

无人直升机的装配工作非常复杂，如果不是特殊要求，只需要掌握旋翼与尾桨的拆装以及设备的接线即可，如图 1-7 所示。

3. 多旋翼无人机

旋翼飞行器由旋转的翼面产生升力。我们习惯把有 3 个及以上旋翼的旋翼飞行器称为多旋翼，或者称为多轴。多旋翼无人机简单、便宜、形形色色，如图 1-8 所示。

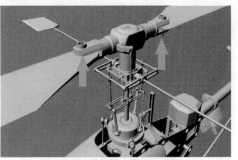

尾桨单旋翼直升机的自动倾斜器

(a) 直升机的机械结构过于复杂　　　　(b) 要掌握旋翼的拆装方法

(c) 要掌握尾桨的拆装方法

(d) 要注意共轴直升机没有尾桨

图 1-7　直升机的装配方式

(a) 民用电力架线多旋翼无人机

(b) 民用玩具多旋翼无人机

(c) 军用枪械多旋翼无人机

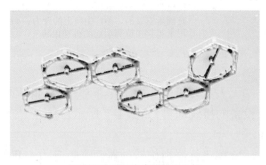

(d) 科研自动组合多旋翼无人机

(e) 民用航拍多旋翼无人机

(f) 民用竞速多旋翼无人机

图 1-8　形形色色的多旋翼无人机

在这个创造的时代,多旋翼无人机的外形完全可以取决于人的想象力。因为样子不同,所以多旋翼无人机的装配方式也是多种多样的,如图 1-9 所示。

(a) 有些需要拆管

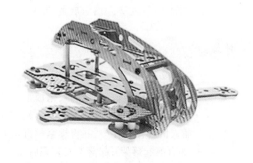

(b) 有些需要拆片

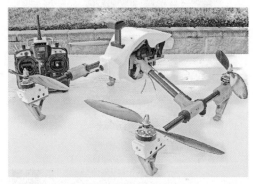

(c) 有些会把脚架一起拆下

(d) 还有些机架、支臂根本就拆不开

(e) 桨的拆装是一定要掌握的

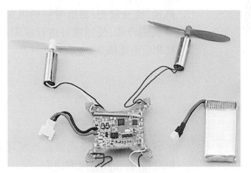

(f) 接线也是要掌握的

图 1-9　多旋翼无人机的装配

1.1.3 工业级固定翼无人机机体装配操作

操作步骤	操作说明	示意图
1	起落架、机身装配:将主起落架放置到机身相应位置;使用内六角扳手将主起落架固定螺钉拧紧;将前起落架支柱插入机身相应孔中,并将锁紧螺钉锁紧(如有前起落架);起落架安装完后,将机身放至平整地面,检查机身前后左右是否水平;检查主起落架机轮是否呈内八字状态	
2	机翼组装:使用碳管插销连接中部机翼与外段机翼;并连接相应电缆插头	
3	机翼、机身装配:将组装好的机翼与机身底座合体;使用螺钉进行紧固;并连接相应电缆插头	
4	尾翼、机身装配:使用螺栓连接尾翼与机身;并连接相应电缆插头	
5	电动机、机身装配:使用内六角扳手,从机体内部将电动机紧固螺钉拧紧;将螺旋桨安装到电动机外部输出轴上	

1.1.4　消费级多旋翼无人机装配操作

操作步骤	操作说明	示意图
1	消费级多旋翼无人机本身完成度较高,所需装配工作较少 以御 2 飞行器为例 螺旋桨装配:依次张开 4 个机臂;按照标识依次安装螺旋桨	
2	电池装配:按压电池两侧按键;将电池后方放置在安装槽内;轻轻按压电池前方,听到"咔"一声,电池安装完毕	
3	以悟 2 飞行器为例 螺旋桨装配:按照标识方向将未安装的螺旋桨与电动机一一对应;旋转卡口,将螺旋桨固定到电动机上	
4	电池装配:将电池放置在安装槽内;从后向前轻推电池,听到"咔"一声,第一块电池安装完毕;接着安装第二块电池	将两块电池沿导轨安装进电池仓

续表

操作步骤	操作说明	示意图
5	云台装配:快速按飞行器电源键 5 次,飞行器从运输模式进入飞行模式;将云台接口按标识对准飞行器接口;顺时针旋转云台,锁死云台	 进入或退出"运输模式"建议在平整表面上进行

任务考核 >>>

1. 笔试考核(5 分钟)

个人在规定时间内完成 2 道问答题。

(1) 飞艇属于航空器还是航天器?

(2) 最大型的固定翼无人机使用插销管还是使用螺栓来连接机身和机翼?

2. 实践考核(15 分钟)

分小组在规定时间内完成教具无人机机体组装,并进行相应记录。

(1) 准备器材(以固定翼无人机为例):机身、起落架、机翼、尾翼、动力装置及相应标准件与工具等。

(2) 进行分组:3 人为 1 组,2 人进行实践操作,1 人进行记录。

(3) 考核要求:按流程进行操作;正确完成安装;记录遇到的主要问题和解决方法。

3. 课后要求

以小组为单位,编制"教具无人机机体安装操作流程表格"。下次课检查。

任务 1.2 　地面设备安装操作

无人机是由机、站、链组成的系统。在无人机系统的安装工作中,当飞行器平台装配工作就绪后,接着需要做的就是地面站及相关链路硬件的搭设。为顺利掌握这一技能,需要了解无人机分系统、子系统、地面站功能等相关知识,熟悉典型无人机地面设备的搭设操作。

1.2.1　无人机的分系统

麻雀虽小,五脏俱全。我们手头的无人机再小,那也是一个大系统。

这个大系统又被分为机、站、链 3 个分系统(任务部分有时也被划分为 1 个分系统),如图 1-10 所示。每个分系统下又有子系统,子系统的划分根据无人机类型、大小的不同并没有严格的限制,如图 1-11 所示。

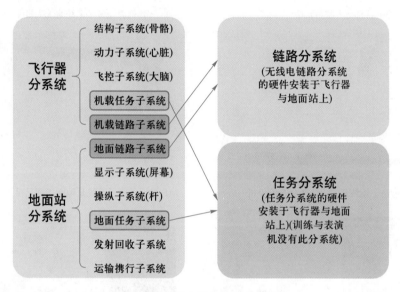

图 1-10　无人机的 3+1 分系统

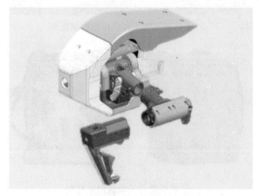

(a) 结构子系统是骨骼与皮肤

(b) 动力子系统是心脏、血管与脂肪

(c) 飞控子系统是大脑与眼睛、耳朵

(d) 机载任务子系统是无人机手中的武器

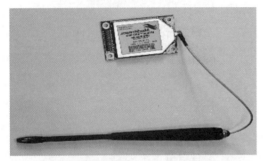

(e) 机载链路子系统是无人机手里拿的手机

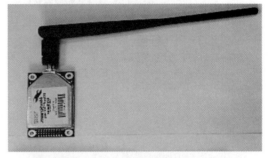

(f) 地面链路子系统是地面指挥员手里拿的手机

(g) 显示子系统显示下传无人机飞行数据

(h) 操纵子系统上传指挥员控制指令

(i) 地面任务子系统用来监视任务设备的效果

(j) 运输携行子系统用来打包

(k) 发射回收子系统多数用于固定翼无人机

图 1-11 无人机的子系统

1.2.2 地面站分系统

无人机地面站分系统是整个无人机系统的指挥控制中心,也称控制站、遥控站或任务规划与控制站。人们设计了各种类型的地面站来辅助驾驶员驾驶飞机,以及对无人机的各种飞行数据和任务设备状况等进行实时监控,以方便任务作业或在应急情况发生时能够及时地采取相应处理措施来保证无人机的安全。

大型无人机的地面站系统很大,小型无人机的地面站系统很小,如图 1-12 所示。

(a) 大型无人机地面站的舱内　　　　　　(b) 最小的地面站就是个遥控器

图 1-12 地面站分系统

1.2.3 链路分系统

地面站与无人机之间进行实时信息交换需要通过通信链路(无线电)来实现。地面站需要将指挥、控制以及任务指令及时地传输到无人机上;同样,无人机也需要将自身状态(速度、高度、位置、设备状态等)以及相关任务数据发回地面站。无人机系统中的通信链路也常被称为数据链。

军用无人机的通信链路可以很复杂,包括很多条链,有指挥部到地面站的、地面站到无人机的、无人机到卫星的、卫星到地面站的、卫星到指挥部的、机群中无人机之间的等。

民用无人机的通信链路系统一般很简单,就 2~3 条链,如图 1-13 所示。

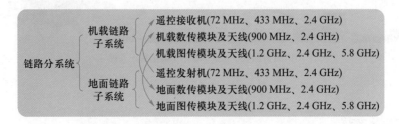

图 1-13　典型的民用无人机链路分系统(3 条链)

第 1 条就是由我们手里的 RC 遥控器和无人机上的遥控接收机构成的上传单向链路:人发指令,飞机收指令;用于视距内控制飞机。

第 2 条就是我们常说的数传,由笔记本计算机连接的一个模块和飞机上的一个模块构成双向链路:人发修改航点等指令,飞机收;飞机发位置、电压等信息,人收;用于视距外控制飞机。

航拍类的多旋翼无人机还有第 3 条链,就是我们常说的图传,由飞机上的发射模块和地面上的接收模块构成的下传单向链路:飞机发图像,人收图像;用于监控摄像头方向和效果。

近年来,随着技术的不断进步,很多民用无人机厂商也开始把民用的这 3 条链逐步整合成 1 条纯数字化的链。

任务实施 ▶▶▶

1.2.4　工业级无人机地面硬件的搭设

工业级无人机的所有地面硬件,围绕地面站计算机搭设,主要工作就是接线。

当前,比较普及与廉价的民用工业级无人机还是用 3 条链的居多。这种 3 条链的地面硬件分别是遥控发射机(只发射)、地面数传模块与天线(即发射又接收)、地面图传链路与天线(只接收)。由于 3 条链都有无线电辐射,为避免相互干扰,需合理摆放,如图 1-14 所示。

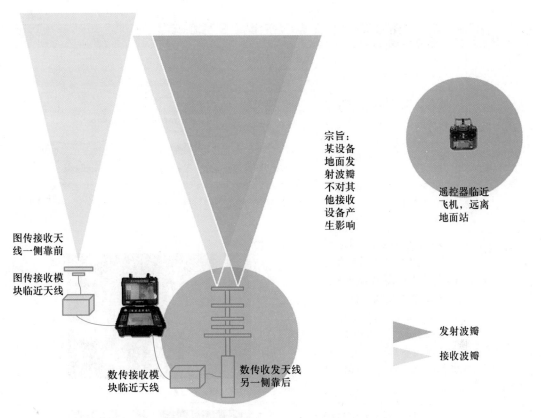

图 1-14　典型民用无人机地面设备搭设

操作步骤	操作说明	示意图
1	摆放好地面站计算机,开机	
2	地面数传模块接线:将配套数据线一端与地面数传模块连接;将数据线另一端USB插头与地面站计算机连接	

操作步骤	操作说明	示意图
3	地面数传模块配置:在地面站计算机上打开电台(数传)配置软件;设置正确的 COM 口;设置正确的电台 ID	
4	地面、机载数据连接:打开地面站软件;打开无人机电源;检查地面数传模块硬件、机载数传模块硬件的相应指示灯是否全部亮起;进入地面站软件,检查 LINK 灯是否为蓝灯闪烁的正常状态;至此,数传链路搭设完毕	
5	地面图传模块接线与配置:打开地面图传接收模块电源;打开地面任务站计算机(或 iPad 等其他便携终端);使用计算机 WiFi 搜索图传接收模块名称,并连接(有有线和无线连接方式,本例为无线连接)	
6	地面、机载图像连接:打开无人机上云台(或摄像头)及图传发射模块电源;打开地面图传监视软件;选择 1920×1080 像素分辨率;点击 Stable 运行程序,收到机载图像。至此,图传链路搭设完毕	

续表

操作步骤	操作说明	示意图
7	无人机通电后,打开遥控器电源。遥控链路搭设完毕	

任务考核 >>>

1. 笔试考核(5 分钟)

个人在规定时间内完成 2 道问答题。

(1) 无人机系统地面硬件的搭设在位置摆放上有什么讲究?

(2) 遥控链路、数传链路、图传链路的工作频率都有哪些?

2. 实践考核(15 分钟)

分小组在规定时间内完成教具地面站以及相关链路硬件的搭设,并进行相应记录。

(1) 准备器材:地面站计算机、地面数传模块和天线、地面图传模块和天线、遥控器及相应连接电缆与工具等。

(2) 进行分组:3 人为 1 组,2 人进行实践操作,1 人进行记录。

(3) 考核要求:按照要求完成工业级无人机地面硬件的搭设;记录遇到的主要问题和解决办法。

3. 课后要求

以小组为单位,查询天线类型对无人机链路设备传输范围、距离的影响,进行讨论并记录。下次上课时进行提问。

任务 1.3 无人机能源补充操作

无人机的系统安装工作中,能源的补充是最后一步。油动无人机与电动无人机的能源不同,补充方式也不同。为顺利掌握这些技能,需要了解无人机能源与动力的发展、燃油动力与电动动力的区别等相关知识,熟悉燃油的配制与加注操作,熟悉动力电池的充放电操作。

🔧 知识准备 ▶▶▶

1.3.1 无人机能源与动力的发展

十万年前人类使用人力(manpower);一万年前人类使用畜力(horsepower);250年前,人类终于迎来了工业革命开始使用化学能,以蒸汽机、燃气机为代表的活塞式发动机终于把人类推上了发展的快车道,人类也终于在110年前,用20匹马力(Hp)的汽油活塞发动机飞上了天空。

随着技术的进步,航空动力方式的选择越来越多。例如:小型有人机、大型无人机常用烧汽油的活塞式发动机;小型长航时无人机、舰载无人机常用烧煤油的重油活塞式发动机;客机、战斗机、高速无人机常用烧煤油的喷气发动机;多旋翼无人机常用使用电池的电动机;等等。

当今,最主流的无人机动力还是烧汽油的活塞式发动机和用电池的电动机,如图1-15所示。前者能源是油,后者能源是电。但是人类目前的电池技术还不够发达,1公斤电池的能量只能达到1公斤汽油的几十分之一。所以大家会发现,但凡大一点的无人机都会采用燃油动力系统,使用活塞式发动机。那么,为什么小小的多旋翼不装活塞式发动机呢?其中一个原因便是我们制造不出很小、很轻的活塞式发动机。

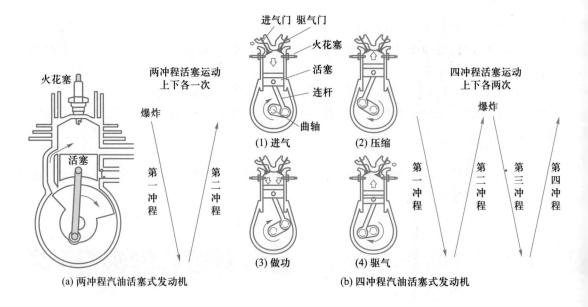

(a) 两冲程汽油活塞式发动机　　(b) 四冲程汽油活塞式发动机

(c) 外转子无刷电动机(3根线)   (d) 内转子有刷电动机(2根线)

图 1-15   主流无人机动力

1.3.2   燃油动力系统及其能源补充

简单地讲,无人机使用的(活塞式发动机)燃油动力系统由桨、机、气、火、油五部分组成,如图 1-16 所示。桨指的是螺旋桨;机指的是机匣、曲轴、活塞、缸头等发动机本体;气指的是进气系统,包括调速机构;火指的是点火系统,有机械点火与电子点火等;油指的供油系统,包括油箱、油管、油泵等。

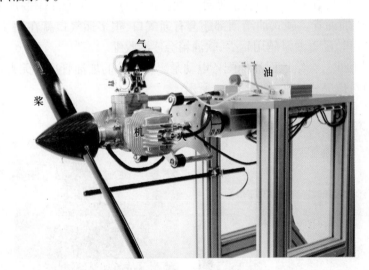

图 1-16   无人机燃油动力系统

民用无人机上使用的 300 cc 以下的汽油机,无论是两冲程还是四冲程,一般都使用混合油料,也就是在加油前,先将汽油和润滑油(又称机油)配到一起。这是因为此类发动机为了减重,一般没有专门的独立润滑系统。

民用无人机的汽油和汽车使用的汽油一样,标号主要有 92#、95#、98#,可根据发动机压缩比和厂家推荐,选择合适标号的汽油。

　　民用无人机的润滑油,无论本身发动机是两冲程还是四冲程,一般都选择两冲程摩托车润滑油,因为这种润滑油是专门用来混合使用的。油桶上一般会标有"2T 机油"。

　　润滑油和汽油的体积比范围要控制在 1∶25~1∶50,一般推荐使用比例为 1∶25 的混合油,如图 1-17 所示。

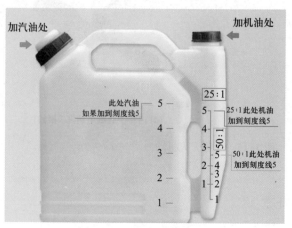

(a) 使用专用的配比油壶配制

(b) 2T机油

图 1-17　燃油的配制

　　油箱一般会安装在无人机重心处。油箱的出油口用油管和发动机连接。出油口背部的油箱内部会有软管与重锤抵达油箱最低处。油箱顶部有类似于摩托车的加油口,有些油箱会把加油口改成加油管。硬式油箱顶部还会有通气口,很多通气口就在加油口盖子上。软式油箱没有通气口,随着油量越用越少,软油箱会逐渐收缩。

　　给无人机加油时,会给地面油桶配备电动泵。将泵上的加油管插入无人机油箱加油口,电动泵通电,就可以完成加油,如图 1-18 所示。

(a) 无人机机载软式油箱

(b) 地面油桶及加油泵

图 1-18　燃油的加注

1.3.3　电动动力系统及其能源补充

　　无人机使用的电动动力系统由桨、机、调、池四部分组成,如图 1-19 所示。桨指的是螺旋桨;机指的是电动机;调指的是电子调速器,简称 ETC;池指的是动力电池。

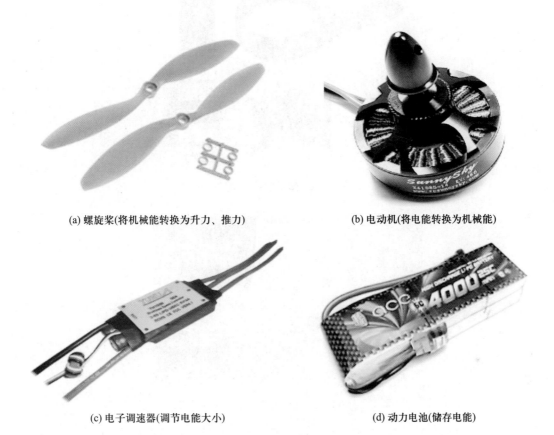

(a) 螺旋桨(将机械能转换为升力、推力)　　　(b) 电动机(将电能转换为机械能)

(c) 电子调速器(调节电能大小)　　　(d) 动力电池(储存电能)

图 1-19　无人机电动动力系统

　　电动动力系统的能源补充,简单来说就是换电池与电池充放电。

　　动力电池一般使用魔术贴扎带固定在无人机重心限定位置上。较小一些的动力电池有时也会使用橡皮筋固定,或使用双面胶直接粘在无人机机体表面,如图 1-20 所示。

　　很多消费级无人机使用智能电池。智能电池一般都安装在专用插槽上,到位锁死,如图 1-21 所示。

　　无人机动力电池的充放电需要使用平衡充电器。简易的平衡充电器,一般只能充电,如图 1-22(a) 所示。高级一点的平衡充电器,不但能充电,还能放电,一般还要配上专用的电源一起使用。很多高档平衡充电器还能同时充放多组电池,只是价格较贵,如图 1-22(b)所示。

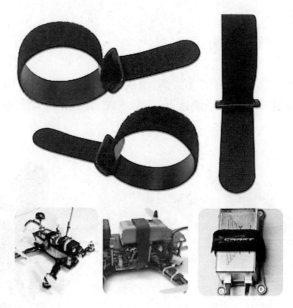

图 1-20 魔术贴扎带固定

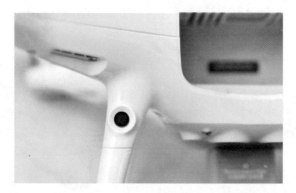

图 1-21 专用插槽固定

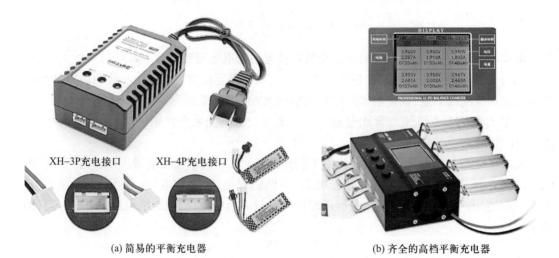

(a) 简易的平衡充电器　　　　　　　　　(b) 齐全的高档平衡充电器

图 1-22 动力电池的充放电

1.3.4　燃油配制操作

操作步骤	操作说明	示意图
1	根据发动机说明书或厂家推荐,选择燃油标号及燃油、润滑油混合比例	
2	准备汽油;准备 2T 机油	
3	根据无人机所需油量多少,选择合适大小的配比油壶	
4	以配制 10L 燃油为例: 从大口盖向配比油壶中注入汽油至刻度 10;从小口盖向配比油壶中注入机油至刻度 10	

续表

操作步骤	操作说明	示意图
5	摇匀,使汽油与机油进行充分的混合	
6	完成配制	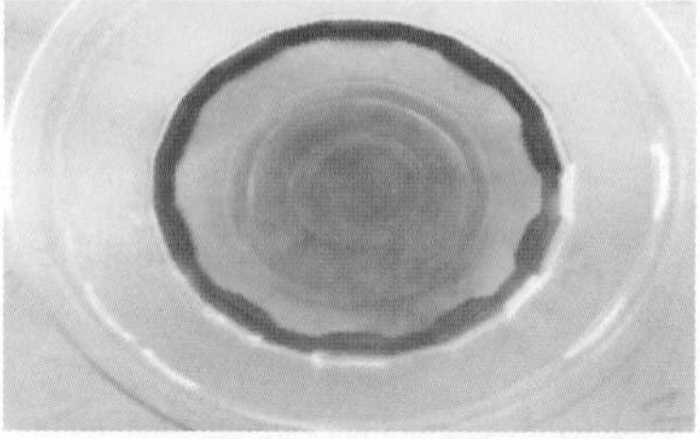
7	配制操作期间禁止使用手机、吸烟及明火产生;燃油储存环境应处于通风阴凉的库房,温度低于 30 ℃;应与氧化剂、还原剂、碱类、食用化学品分开存放,切勿混储;使用时应严格做好记录,并随身配备一只干粉灭火器做紧急准备	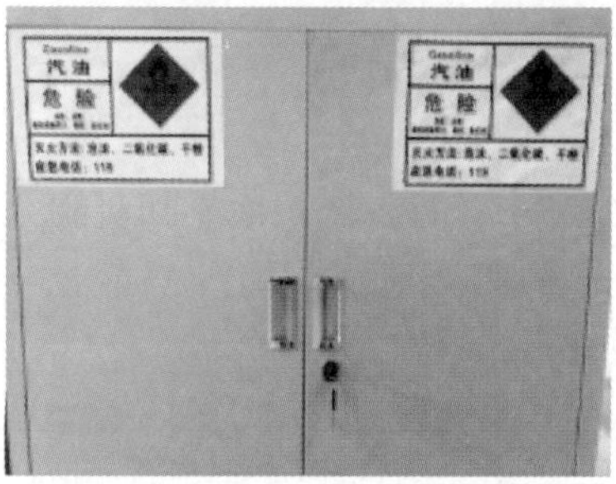

1.3.5　动力电池充放电操作

以 IMAX B6 平衡充电器为例。

操作步骤	操作说明	示意图
1	先将电源线插到 B6 充电器左侧上方;将红黑输出线插到 B6 充电器右侧下方	
2	将电池 XT 头与充电器红黑输出线 XT 头连接;将电池平衡充插头与充电器对应插槽连接。如右图所示,平衡充插头为 3S 插头	

续表

操作步骤	操作说明	示意图
3	充电时： 按 Stop 键,选择锂电池 / 平衡充模式；按 Enter 键确认；进行参数设置,以 3S 锂电池为例,平衡充电 BALANCE,4.0 A,11.1 V	LiPo BALANCE 4.0A 11.1V(3S)
4	设置好电池类型、电流及其电芯数量后,长按 Enter 键,开始电池自检；自检完成后,系统提示：按 Stop 键取消充电,按 Enter 键确认开始充电；按下 Enter 键,开始充电	R: 3SER S: 3SER CONFIRM(ENTER)
5	充电完成后,充电器鸣响；按 Stop 键,拔下电池即可	Stop ◄ ► Enter
6	放电时： 按 Stop 键,选择锂电池 / 放电模式；按 Enter 键确认；进行参数设置,以 3S 锂电池为例,放电 DISCHARGE,1.0A,9.0V	LiPo DISCHARGE 1.0A 9.0V(3S)
7	设置好电池类型、电流及其电芯数量后,长按 Enter 键,开始电池自检；自检完成后,系统提示：按 Stop 取消放电,按 Enter 键确认开始放电；按下 Enter 键,开始放电	R: 3SER S: 3SER CONFIRM(ENTER)
8	放电完成后,充电器鸣响；按 Stop 键,拔下电池即可	Stop ◄ ► Enter

任务考核 >>>

1. 笔试考核(5 分钟)

个人在规定时间内完成 2 道问答题。

(1) 当前主流的无人机动力是哪两种?

(2) 油箱一般安装在无人机的哪个位置,为什么?

2. 实践考核(15 分钟)

分小组在规定时间内完成教具电池的充电、放电设置。

(1) 准备器材:4S 聚合物锂电池、3S 聚合物锂电池、2S 聚合物锂电池、平衡充电器、相关电缆、电压测量设备等。

(2) 进行分组:3 人为 1 组,分别进行实践操作。

(3) 考核要求:按流程进行设置;正确选择充电类型;正确选择充电电压;正确选择放电模式;正确选择放电中止电压。

3. 课后要求

以小组为单位,讨论使用配比油壶进行混合油配制的流程,记录可能出现的安全问题。下次课讨论。

任务 1.4　无人机链路打通操作

无人机的驾驶好比用无线电放风筝,风筝线就是链路分系统,打通链路就是系好风筝线。为顺利掌握这一技能,需要了解无人机遥控链路、数传链路、图传链路等相关知识,熟悉工业级、消费级无人机链路打通的基本操作。

知识准备 >>>

民用无人机的通信链路系统相对简单,近年来正逐渐从分立式多链向一体式单链过渡。下面就常用的分立式 3 链链路系统做一介绍。

1.4.1　遥控上行链路

遥控链路指的是在无人机起降或故障中,飞手直接用来遥控飞机飞行的链路。

由于是人在地面发出动作信号,无人机在天上接收,信息是上行的,所以是上行链路。

最简单的遥控上行链路,借用的是高档航空模型的遥控设备,典型频率为 2.4 GHz。飞手拿着遥控发射机在地面发射信号;机载遥控接收机接收到无线电信号后,将其转换为 PPM 信号传给飞控,飞控再根据控制模式,进一步操纵无人机。其原理如图 1-23 所示。

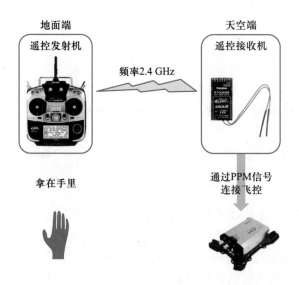

图 1-23　典型遥控上行链路

1.4.2　数传上下行链路

数传链路是用来传输数据的,包括飞行数据与控制数据。无人机在视距外的巡航段,我们就主要依靠数传链路来监视和控制无人机。

飞行数据由飞控生成,通过数传链路传到地面,显示到地面站界面上,这部分信息是下行的;控制数据由地面站上的键盘、鼠标等生成,通过数据链路传到天上,进到飞控里,这部分信息是上行的;所以数据链路是双向的,是上下行链路。

最典型的数传链路频率为 900 MHz。其机载数传模块会通过 232 串口与飞控通信,地面数传模块会通过 USB 信号与地面站计算机通信。其原理如图 1-24 所示。

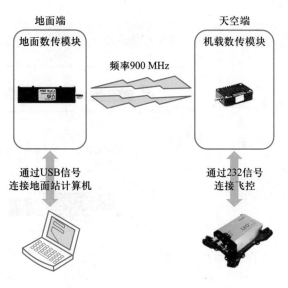

图 1-24　典型数传上下行链路

1.4.3 图传下行链路

当想把无人机上拍到的视频实时传到地面时,就需要图像传输链路(简称图传链路)。

由于是无人机在天上发送图像信号,人在地面接收,信息是下行的,所以图传链路是下行链路。

为了避开遥控链路的 2.4 GHz 频率,典型的图传链路频率为 5.8 GHz。摄像头的 PAL 制式图像信号会先通过线缆传到机载图传模块上;机载图传模块将图像信号转换为无线电信号传至地面;地面图传模块接收到无线电信号,将其翻译成 VGA 信号;VGA 信号通过线缆显示到监控屏幕或计算机上。其原理如图 1-25 所示。

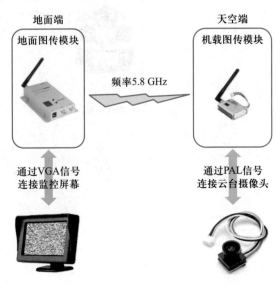

图 1-25 典型图传下行链路

任务实施 ▶▶▶

1.4.4 工业级无人机链路打通操作

1.2.4 节中已将工业级无人机地面硬件的搭设进行了基本介绍,而本节主要说明其中数传链路的具体配置与操作。

操作步骤	操作说明	示意图
1	数传模块都是天空、地面成对使用的。有的地上模块大,天上模块小(A);有的天地模块一样小(B)。具体连线与安装时,一定要区分开天空端模块与地面端模块	(示意图)

续表

操作步骤	操作说明	示意图
2	由于同一空域可能会有多架无人机在飞行,大家也可能选用同样的数传电台硬件,所以在真正作业前,需要对数传电台进行设置 要想设置电台,必须把天上、地下两个模块都通过专用的设置线和计算机相连。这时就像在计算机上连接其他设备一样,得找到合适的COM口(USB口),并打开相应设置软件	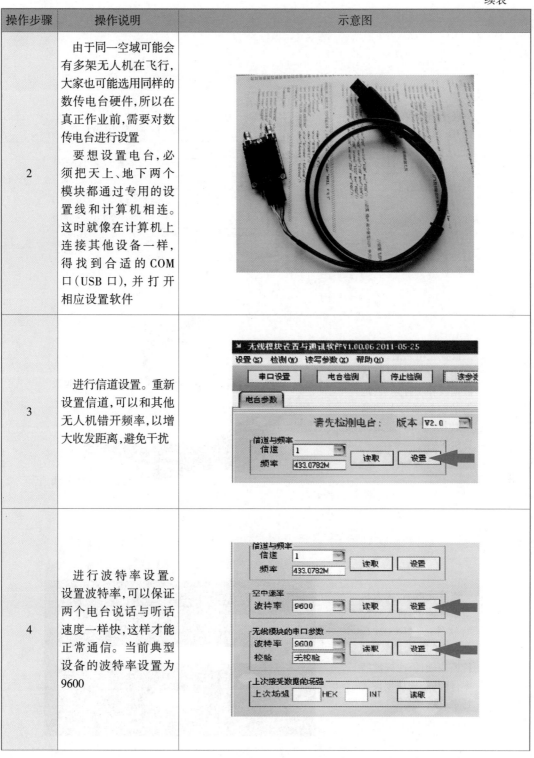
3	进行信道设置。重新设置信道,可以和其他无人机错开频率,以增大收发距离,避免干扰	
4	进行波特率设置。设置波特率,可以保证两个电台说话与听话速度一样快,这样才能正常通信。当前典型设备的波特率设置为9600	

续表

操作步骤	操作说明	示意图
5	进行 ID 设置。设置 ID,就像设置暗号一样,这样可以保证即使频率一样,他人也接收不到我们的数据	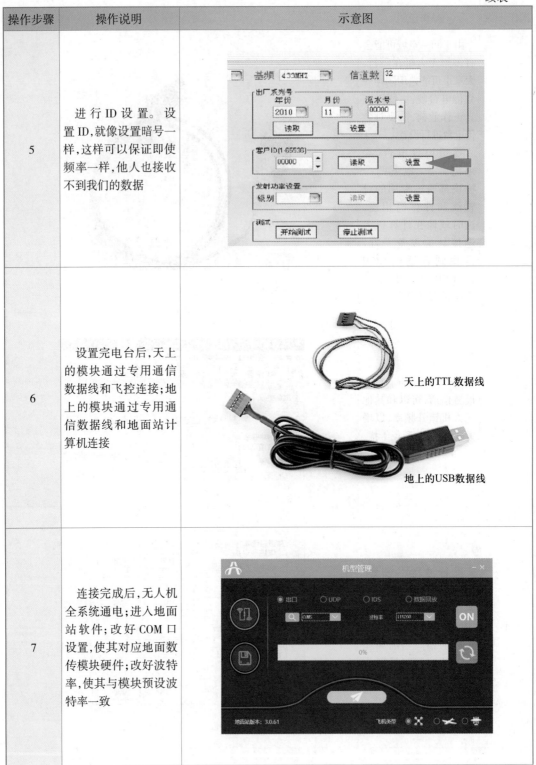
6	设置完电台后,天上的模块通过专用通信数据线和飞控连接;地上的模块通过专用通信数据线和地面站计算机连接	天上的TTL数据线 地上的USB数据线
7	连接完成后,无人机全系统通电;进入地面站软件;改好 COM 口设置,使其对应地面数传模块硬件;改好波特率,使其与模块预设波特率一致	

续表

操作步骤	操作说明	示意图
8	观察地面站界面中无人机电量、姿态等实时信息，以证明数据链路下传的打通	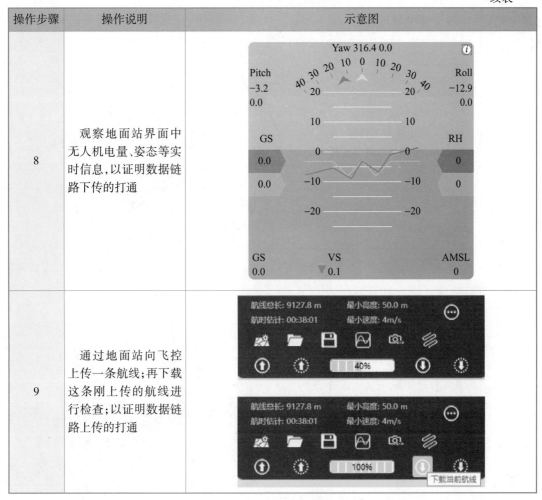
9	通过地面站向飞控上传一条航线；再下载这条刚上传的航线进行检查；以证明数据链路上传的打通	

1.4.5 消费级无人机链路打通操作

操作步骤	操作说明	示意图
1	准备好飞行器与遥控器；短按一次遥控器电源按键，打开遥控器	

续表

操作步骤	操作说明	示意图
2	短按一次电池开关按键,开启飞行器;保持飞行器与遥控器距离在 50 cm 内	电池开关
3	选择移动设备,安装地面站软件 APP;将移动设备安装到遥控器底部	
4	根据移动设备接口类型,选择相应的遥控器转接线,连接移动设备(本类型无人机的地面数传与图传设备相当于已集成到遥控器中);开启地面站软件 APP	

续表

操作步骤	操作说明	示意图
5	在相机界面点击遥控器图标(8号位置);之后点击遥控器对频选项	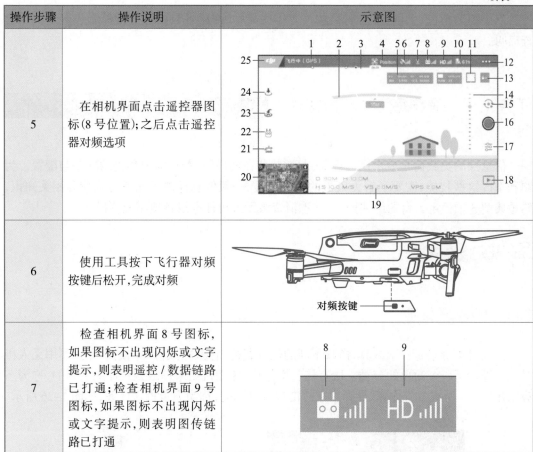
6	使用工具按下飞行器对频按键后松开,完成对频	
7	检查相机界面8号图标,如果图标不出现闪烁或文字提示,则表明遥控/数据链路已打通;检查相机界面9号图标,如果图标不出现闪烁或文字提示,则表明图传链路已打通	

任务考核 ▶▶▶

　　1. 笔试考核(5分钟)

　　个人在规定时间内完成2道问答题。

　　(1) 机载数传天线与遥控接收机天线有何区别?

　　(2) 固定翼无人机的机载图传、机载数传、遥控接收机这几种设备一般布置在机体的什么位置?

　　2. 实践考核(15分钟)

　　分小组在规定时间内完成无人机飞行器平台与地面站的链路连接,并进行相应记录。

　　(1) 准备器材:飞行器平台(包含飞控)、地面站软硬件、机载图传模块及天线、机载数传模块及天线、地面图传模块及天线、地面数传模块及天线、遥控发射机、遥控接收机、相应电缆与工具等。

　　(2) 进行分组:3人为1组,2人进行实践操作,1人进行记录。

　　(3) 考核要求:按流程进行操作;正确完成无人机平台与地面站的连接;记录遇到的主要问题和解决方法。

3. 课后要求

以小组为单位,上网查询图传、数传有哪些品牌,并用各自的性能指标制表。下次课检查提问。

任务 1.5　任务载荷的配置操作

信息探测类载荷是最常用的载荷,此类载荷在使用前,往往需要预先的准备与配置。为顺利掌握这些技能,需要了解无人机的任务分类、一般信息探测类任务与载荷等相关知识,熟悉典型 3 轴稳定云台的组装操作,熟悉消费级无人机任务设备典型配置操作。

知识准备 >>>

1.5.1　无人机的任务

无人机本身只是一个载具,搭载不同的任务载荷,它就能执行不同的任务。军用无人机对任务进行了一个简单的分类。所有挂着摄像机、照相机用来拍敌方照片或视频的,称为态势感知任务。所有载着炸弹、导弹用来打击敌方目标的,称为力量投送任务,如图 1-26 所示。

(a) 态势感知

(b) 力量投送

图 1-26　态势感知与力量投送

而民用无人机中用于航拍、测绘的无人机与军用的态势感知无人机是类似的,执行的也是信息探测类任务;民用无人机中用于快递、植保的无人机与军用的力量投送无人机是类似的,只不过运送的不是炸弹。所以,可以把民用无人机的任务分成探测、投送两大类,如图 1-27 所示。

(a) 探测:航空测绘

(b) 投送:快递

(c) 探测:航空摄影

(d) 投送:植保

图 1-27　探测与投送

1.5.2　一般信息探测类任务

民用无人机干的最多的事,就是拍照片与拍视频,这也是最一般、最普遍的探测类任务。

斜着拍视频的任务一般称为航拍,其成果主要是片子,如图 1-28(a) 所示;直着向下拍照片的任务一般称为航测,其成果是地图,如图 1-28(b) 所示。

(a) 航拍主要要美! 斜着拍

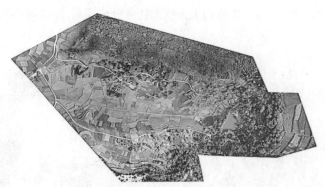

(b) 航测主要要准! 这是用正射航片拼出的地图

图 1-28 最普遍的任务

　　航拍又称空中摄影或航空摄影,可以不受地面障碍物的遮挡,清晰地俯瞰并记录拍摄对象的外部信息。在影视制作宣传、环境保护和自然灾害监测等领域,展现了其高效率采集影像信息的优越性。

　　航测,现在也称摄影测量与遥感,属于测绘科学中的遥感科学。它要解决目标的几何定位,并提取目标对象的几何与物理特征信息。由于它的科学性、技术性、应用性、服务性涉及广泛的科学技术领域,因此它的应用已深入经济建设、社会发展、国家安全和人民生活等各方面。

1.5.3 一般信息探测类载荷

　　航拍任务一般使用3轴稳定云台作为载荷。

　　为什么我们在跑步时拍的视频不清楚? 因为姿态不稳定。三维空间的一切物体都具有6个自由度,即沿 x、y、z 3个直角坐标轴方向的移动自由度(位置)和绕这3个坐标轴的转动自由度(姿态)。因此,要在运动的平台上把东西拍清楚,必须将姿态稳定住。

　　3轴稳定云台就是一个给摄像机稳姿态的设备,它在3个轴上各安装1个能按照飞控姿态信号反向转动的力矩电动机或舵机,这样无论飞机如何运动,摄像机都是稳定的,如图 1-29 所示。

(a) 动物的头部早就进化出了3轴稳定,云台的英文名就叫head

(b) 现代坦克的炮管也是3轴稳定的

(c) 拍电影的摇臂和小车也是3轴稳定的

(d) 多旋翼无人机的头也是3轴稳定的

图 1-29　3 轴稳定云台原理

测绘任务一般使用对地正射云台或倾斜相机作为载荷,分别如图 1-30、图 1-31 所示。

对地正射云台是比较早期的测绘任务载荷,用来生成平面测图。基本可以理解为是一台无论无人机姿态怎么变化,永远垂直于地面的相机。它会以比较高的频率对地拍摄,这样照片之间互相会有重叠,不会漏过地面的任何一点细节。并且利用这种像素的重叠,依靠后处理软件,再加上飞机的位置数据,可以将所有的相片自动拼接成一张大大的航图,以备工程使用。

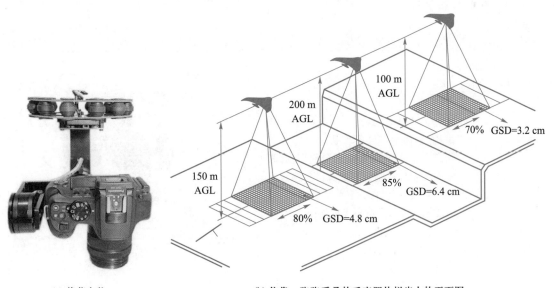

(a) 载荷实物

(b) 依靠一张张重叠的垂直照片拼出大的平面图

图 1-30　对地正射云台

(a) 载荷实物　　　　　　　　(b) 生成可多角度查看的立体图像

图 1−31　倾斜相机

　　倾斜相机是近年来正在发展的测绘任务载荷,用来生成立体测图。它有朝向不同角度的多个镜头,作业中可拍摄地物各个角度的图像。图像之间也是有重叠的,利用这种像素的重叠,依靠后处理软件,再加上飞机的位置、姿态数据,通过复杂的算法,可以将所有的相片自动拼接成一片区域的立体图像,以备工程使用。利用倾斜相机拍的一栋楼是可以从各个角度观察与测量的,像真楼一样。

任务实施 ▶▶▶

1.5.4　教具 3 轴稳定云台组装操作

操作步骤	操作说明	示意图
1	教具 3 轴稳定云台,使用舵机作为执行机构、台体上安装摄像头。台座在下的状态安装,可作为手持云台使用,此时台座内部安装控制板与电源。台座在上的状态安装,可以作为多旋翼云台使用,此时舵机线缆与多旋翼飞控连接	滚转轴　俯仰轴　台体　台座　偏航轴

续表

操作步骤	操作说明	示意图
2	以手持云台模式为例： 首先在台座上安装偏航轴舵机	
3	将滚转轴舵机安装在偏航框架上；使用标准件，将偏航框架与偏航轴舵机连接	
4	将俯仰轴舵机安装在滚转框架上；使用标准件，将滚转框架与滚转轴舵机连接	
5	使用标准件，将台体与俯仰轴舵机连接	
6	将无线摄像头安装在台体上；将无线摄像头信号与手机连接；将各舵机线与台座内部控制板相应插针相连；打开云台开关，3 轴稳定云台开始工作	

1.5.5   消费级无人机任务设备配置操作

操作步骤	操作说明	示意图
1	精灵 4pro 系列无人机配备的任务设备为云台相机,可在拍摄视频与拍摄照片功能之间切换 配置该任务设备的第一步是安装 Micro SD 卡(非拍摄过程时插拔)。使用 Class10 或 UHS-1 及以上规格的容量≤ 128 GB 的 SD 卡	
2	在飞行器电源开启的情况下,通过 Micro USB 连接线连接云台相机接口与计算机;在计算机上检查与升级云台相机固件	
3	开启飞行器智能飞行电池;通过相机状态指示灯,可以判断相机当前状态	相机状态指示灯 / 状态 绿灯快闪 系统启动中 绿灯常亮 系统启动完成,相机已插入 Micro SD 卡且工作正常 绿灯单闪 单张拍照 绿灯连续 3 闪 连拍 红灯慢闪 录影 红灯快闪 Micro SD 卡故障 红灯双闪 相机过热 红灯常亮 严重故障 绿红灯交替闪烁 固件正在升级
4	3 轴稳定云台的俯仰可控角度为 -30°~90°,可以通过地面站软件 APP 进行范围设置	

续表

操作步骤	操作说明	示意图
5	根据不同的拍摄需求,可以使用地面站软件 APP 对云台工作模式进行设置。跟随模式下:云台水平转动方向随飞行器移动而改变,云台横滚方向不可动,可以控制云台俯仰角度;FPV 模式下:云台横滚方向的运动自动跟随飞行器横滚方向的运动而改变,以获得第一人称视角的飞行体验	跟随模式 FPV模式
6	在地面站软件 APP 的 5 号位置显示有相机当前拍照 / 摄像参数和剩余可拍摄容量。点击图标可进行自动对焦 / 手动对焦、自动曝光 / 锁定曝光等配置	4　5　6　7　8　9　10　11 P-GPS　09:29 ISO 1600　SHUTTER 1/3000　EV. +0.3　WB AUTO　1080P/24　20:33　HD　61%

任务考核 ▶▶▶

1. 笔试考核(5 分钟)

个人在规定时间内完成 2 道问答题。

(1) 无人机航拍与测绘的区别有哪些?

(2) 3 轴稳定云台的 3 轴是哪 3 轴?

2. 实践考核(15 分钟)

分小组在规定时间内完成教具 3 轴稳定云台的组装与配置操作,并进行相应记录。

(1) 准备器材:教具 3 轴稳定云台结构散件、控制板、电源、舵机、相应标准件与工具等。

(2) 进行分组:3 人为 1 组,2 人进行实践操作,1 人进行记录。

(3) 考核要求:按流程进行操作;使用安装配置完的手持云台拍摄一段稳定的视频;记录遇到的主要问题和解决方法。

3. 课后要求

以小组为单位,上网收集并整理 5 种品牌或型号的无人机机载云台参数,并编辑成表格。下次课上交。

任务 1.6 任务载荷的安装操作

无人机是一种载具,装备不同的载荷便可以进行不同的工作。不同的载荷与无人机之间的安装通过机械接口与电气接口来完成。为顺利掌握载荷安装技能,需要了解燕尾槽式机械接口、转换板式机械接口等相关知识,熟悉工业级云台吊舱及其他载荷的安装操作。

知识准备 >>>

本节主要介绍机械接口,而电气接口主要指的是电缆连接器,将在专门章节介绍。

1.6.1 燕尾槽式机械接口

燕尾槽式机械接口是一种快速机械接口,其在摄影、摄像设备领域已应用多年,所以在民用无人机发展后,顺其自然地应用到无人机载荷的安装中。

燕尾槽式机械接口分为燕尾座与燕尾榫两部分,分别安装在无人机机体与任务载荷上。使用时,通过将燕尾榫插入燕尾座中锁死,可实现快速的限位与紧固,如图 1-32 所示。

(a) 相机上的燕尾榫与三脚架上的燕尾座

(b) 机床上使用的燕尾槽滑台

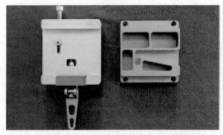
(c) 无人机载荷安装使用的燕尾座与燕尾榫

(d) 燕尾槽锁死机构

图 1-32 燕尾槽式机械接口

1.6.2 转换板式机械接口

无人机飞行器平台多种多样,其任务载荷也在不断地更新,很难规定或找到一种完全通用的载荷机械接口。因此在实际的操作中,经常针对特定的飞行器与载荷,独立设计转换板式机械接口。

转换板拓展了无人机的载荷适应性,在不同结构之间起到良好的连接作用,多采用强度高、重量轻的碳纤维材质。

转换板大多为多孔式结构。一部分孔用于和无人机的螺栓连接,一部分孔用于和载荷的螺栓连接。根据需要,转换板上还可以再叠加上燕尾槽式机械接口用于快速安装,也可以叠加上各类减震结构用于特殊载荷的安装,如图 1-33 所示。

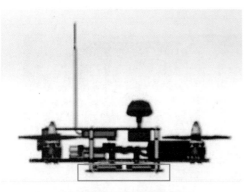

(a) 转换板与无人机的连接

(b) 转换板与载荷的连接

(c) 转换板上叠加燕尾槽

(d) 转换板上叠加减震结构

图 1-33 转换板式机械接口

任务实施 ▶▶▶

1.6.3 工业级吊舱云台安装操作

操作步骤	操作说明	示意图
1	准备好吊舱控制盒、钢丝减震装置、双光吊舱、相应标准件与工具	
2	使用紧固件将燕尾榫安装在控制盒上表面;布置好控制盒内部电缆	
3	用紧固件将钢丝减震装置一端与双光吊舱连接在一起	
4	电气接口连接:准备好相应连接电缆;将电缆一端与控制盒连接;将电缆另一端与双光吊舱连接	

操作步骤	操作说明	示意图
5	用紧固件将钢丝减震装置另一端与吊舱控制盒连接在一起。确保减震装置能够正常动作,确保云台朝向正确	
6	使用紧固件将燕尾槽安装在转换板下方;使用坚固件与柱状零件将转换板安装在无人机机体下方	
7	将吊舱结构的燕尾榫插入无人机机体下部燕尾槽中;锁死;任务载荷机械接口安装完毕 准备好相应电缆;将电缆一端与吊舱控制盒连接;将电缆另一端与无人机机体上相应模块连接;任务载荷电气接口安装完毕	

1.6.4　其他工业级载荷安装操作

操作步骤	操作说明	示意图
1	喊话器的安装: 将喊话器顶部的燕尾榫插入无人机机体下部燕尾槽中;锁死;机械接口安装完毕	

操作步骤	操作说明	示意图
2	部分大功率喊话器的电源需要无人机供电。此时只需将喊话器电源电缆与无人机供电电缆连接即可,电气接口安装完毕。注意:喊话器电源线应尽量远离喊话器接收天线,以避免干扰	
3	空投机构的安装: 　　将空投机构顶部的燕尾榫插入无人机机体下部燕尾槽中;锁死;机械接口安装完毕。注意:空投机构受力较大,要保证锁死机构的可靠性	
4	空投机构本质上可视为有任务功能的独立舵机,所以其电气连接方式与普通舵机相仿。将空投机构杜邦线与无人机飞控相连接,即可	
5	倾斜相机的安装: 　　将倾斜相机顶部的燕尾榫插入无人机机体下部燕尾槽中;锁死;机械接口安装完毕	
6	很多倾斜相机会使用航空连接器(航空插头)进行线缆连接,航插的锁紧方式不同,按要求进行相应连接与锁紧,即可完成电气接口安装	

任务考核 >>>

1. 笔试考核(5 分钟)

个人在规定时间内完成 2 道问答题。

(1) 无人机挂载设备的机械接口有哪几种?

(2) 载荷的机械接口与电气接口有什么区别?

2. 实践考核(15 分钟)

分小组在规定时间内完成教具 3 轴稳定云台在无人机机体上的安装操作,并进行相应记录。

(1) 准备器材:多旋翼飞行器平台、教具 3 轴稳定云台、转换板及减震散件、相应紧固件及工具等。

(2) 进行分组:3 人为 1 组,2 人进行实践操作,1 人进行记录。

(3) 考核要求:按流程进行操作;正确完成安装;记录遇到的主要问题和解决方法。

3. 课后要求

以小组为单位,设计一种喊话器的快速拆装机械结构,需要画出示意图(二维或三维),并说明原理。下次课上交检查。

任务 1.7 任务载荷测试操作

为保障任务飞行成功实施,需要提前在地面开启任务载荷,模拟运行测试各项功能是否完好,并及时处置故障,以免造成无效飞行起落。为顺利掌握这一技能,需要了解无人机各类任务载荷的基本知识,熟悉典型的吊舱云台载荷、测绘相机载荷的地面测试操作。

知识准备 >>>

1.7.1 形形色色的任务载荷

拍照、摄影、送快递、洒农药、打枪、扔手榴弹多少年来都是在地面进行的。

无人机的大众化,给所有人所有行业都带来了一个全新的视角,"原来还可以这么干?"

无人机的用途只有你想不到的,没有办不到的,所以它的任务载荷也是形形色色的,如图 1-34 所示。

(a) 简易云台

(b) 吊舱云台

(c) 倾斜相机

(d) 红外成像系统

(e) 紫外成像系统

(f) 全息相机

(g) 三维激光雷达

(h) 空中喊话系统

(i) 空中探照系统

(j) 空中架线系统

(k) 喷火消缺系统

图1-34 无人机的各类任务载荷

任务实施 >>>

1.7.2 吊舱云台载荷地面测试操作

操作步骤	操作说明	示意图
1	硬件准备: 搭设好地面设备;在无人机上安装好吊舱云台;所有设备通电开机	
2	软件准备: 在地面站计算机上准备好无人机地面站软件;准备好云台控制软件;并下载相应硬件驱动程序	
3	云台配置: 在云台控制软件中,设置载荷参数;修改视频协议、端口等参数;修改文件路径等;保存配置	

续表

操作步骤	操作说明	示意图
4	10 倍可见光镜头调试： 进入云台控制软件,实时监控界面;屏幕显示摄像头捕捉到的画面,使用键盘控制画面上下左右移动和缩放,检查控制效果	
5	红外镜头调试： 切换至红外摄像头实时监控界面;使用键盘控制画面上下左右移动和缩放,检查控制效果	
6	零漂微调： 在云台没有固定跟踪目标时,云台会出现小幅度视角移动现象,可用键盘操作反向进行零漂微调,保持云台稳定	
7	目标锁定测试： 使用 AI 跟踪功能,对火源、车辆等物体进行自动跟焦,物体移动时,云台应始终保持目标锁定	

1.7.3　测绘相机载荷地面测试操作

以 TTAM6E 无人机、对地正射测绘云台载荷为例。

操作步骤	操作说明	示意图
1	在无人机上安装好对地正射云台;在云台上安装好相机;连接好相机控制电缆	曝光线 电源线
2	打开云台上的相机侧面舱口;对正角度,插入相机内存卡	
3	打开相机电源;检查图像信号是否正常	
4	全系统通电;打开无人机地面站界面;发送"拍照一次"指令;检查相机拍照效果是否正常;将无人机抬离地面;变换姿态;观察云台是否能一直控制相机正射地面	
5	预设航拍参数: 进入地面站界面;找到航拍参数配置菜单;对航拍区域、重叠率、速度、行间距等进行预先设置	

任务考核 >>>

1. 笔试考核(5 分钟)

个人在规定时间内完成 2 道问答题。

(1) 为什么要进行任务载荷地面模拟运行测试操作?

(2) 云台载荷的地面测试都有哪些内容?

2. 实践考核(15 分钟)

分小组在规定时间内完成教具任务载荷地面模拟运行测试操作,并进行相应记录。

(1) 准备器材:无人机飞行器平台、地面站软硬件、对地正射云台、相机、相应电缆及工具等。

(2) 进行分组:3 人为 1 组,2 人进行实践操作,1 人进行记录。

(3) 考核要求:按流程进行操作;正确完成任务载荷地面测试操作;记录遇到的主要问题和解决方法。

3. 课后要求

以小组为单位,编写"某类型任务载荷地面模拟运行测试流程表"。下次课上交检查。

任务 1.8 飞行前结构与线缆检查操作

结构与线缆的检查是无人机系统飞行前检查的第一步。为顺利掌握这一技能,需要了解无人机的正常与应急操作程序、结构与线缆的功用等相关知识,熟悉各种类型无人机结构与线缆检查的基本操作。

知识准备 >>>

1.8.1 无人机飞行手册

较大型的无人机系统都有自己的《飞行手册》,也称 AFM,可以看作是无人机的使用说明书。一般由无人机制造商编写,由民航局等运行管理部门批准,页数比较多。

普通的无人机会用检查单的方式编写自己的《飞行手册》,这样页数少,使用方便、简捷。

典型的以检查单为主的无人机《飞行手册》如下:

1. 概述

- 机、站、链全系统基本介绍
- 三视图

2. 正常操作程序

- 飞行前飞行器检查单
- 飞行前动力系统检查单
- 飞行前控制站检查单
- 飞行前通信链路检查单
- 飞行前飞行环境检查单
- 起飞操作检查单
- 巡航操作检查单
- 任务设备操作检查单
- 着陆前操作检查单
- 飞行后检查单

3. 应急操作程序

危机情况(不处理马上会出危险):

- 动力装置故障处置检查单
- 起落装置故障处置检查单
- 飞控系统故障处置检查单
- 执行机构(舵面等)故障处置检查单
- 电气系统故障处置检查单
- 控制站操纵系统故障处置检查单
- 下行通信链路故障处置检查单

紧急情况(不处理很快会出危险):

- 导航系统故障处置检查单
- 上行通信链路故障处置检查单
- 控制站显示系统故障处置检查单
- 任务设备故障处置检查单

4. 性能

- 速度、重量、航时等指标

5. 限制

- 最高／最低电压、最高／最低转速等极限指标

6. 重量和配平／载荷清单

- 最大认证重量
- 重心范围

7. 使用、保养和维护

- 无人机例行检查检查单
- 无人机预防性维护检查单

8. 安全提示

- 高海拔运行检查单
- 特殊气象运行检查单
- 特殊环境运行检查单

目前,使用的民用无人机其实是非常简单的无人机,操作起来步骤也少得多。所以,为它编制的使用说明书就会简单得多,但是每部分的内容还是都有的。

　　比如系统飞行前检查,就涵盖在"正常操作程序"中。包含:飞行前飞行器检查单、飞行前控制站检查单、飞行前通信链路检查单、飞行前动力系统检查单等内容。

　　本节的无人机结构与线缆检查就等同于飞行前飞行器检查。

1.8.2　无人机的结构与线缆

　　无人机的飞行准备中,飞行器的检查重点在于结构与线缆。

　　无人机的结构,功能相当于骨骼与皮肤,主要起支持运动、承载内部设备、保持外形的作用;无人机的线缆,功能相当于血管与神经,主要起传递信号、传递能量的作用;如图 1-35 所示。

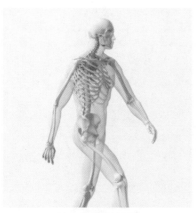

(a) 人的骨骼与皮肤

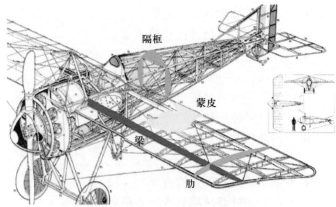

(b) 结构是无人机的骨骼与皮肤

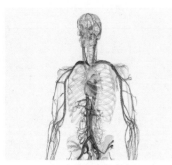

(c) 人的血管与神经

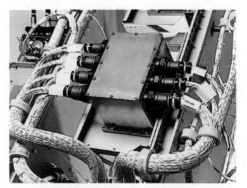

(d) 线缆是无人机的血管与神经

图 1-35　无人机的结构与线缆

🛠 **任务实施** ▶▶▶

1.8.3　固定翼无人机的结构与线缆检查操作

操作步骤	操作说明	示意图
1	做好飞行前飞行器检查单。按照检查单进行结构与线缆检查	
2	检查机体表面有无破损	
3	检查机翼与机身的安装是否牢固可靠	
4	检查尾翼与机身的安装是否牢固可靠	

操作步骤	操作说明	示意图
5	检查舵机与舵面本身的安装是否牢固可靠;检查舵机与舵面之间的摇臂、夹头、连杆相互连接是否可靠	
6	检查舱内线缆是否排布规整,是否固定捆绑牢靠	
7	检查悬空线缆是否被挤压,是否有破损	

续表

操作步骤	操作说明	示意图
8	检查机体表面安装的传感器、天线等是否牢固可靠;其线缆是否正确可靠连接	

1.8.4　多旋翼无人机的结构与线缆检查操作

操作步骤	操作说明	示意图
1	看: 　观察机体表面有无破损或变形;观察线缆、接头等处是否有松动、碳化	
2	听: 　根据多旋翼无人机运行时声音差异来判断工况。如:电动机单相起动不了时,发出"嗡嗡"声;电动机轴承损坏时,发出"沙沙"声等	

续表

操作步骤	操作说明	示意图
3	闻: 根据电气设备运行时散发出的气味来判断工况。如因短路、过载等故障导致温升超限时,可出现刺鼻的焦煳味	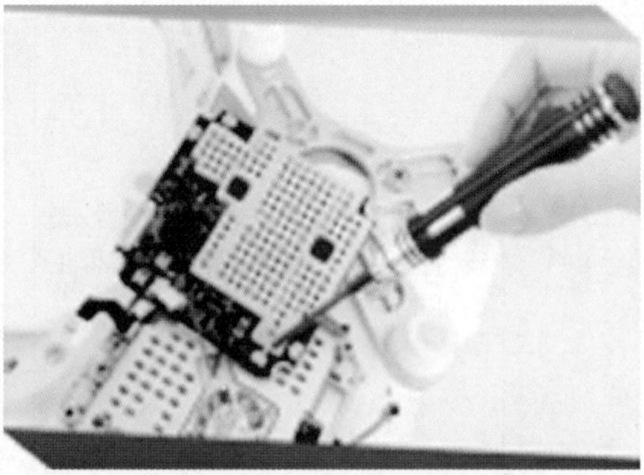
4	摸: 通过设备外壳、线缆外皮的温度来判断工况或绝缘情况	
5	测: 通过常用测量仪器测试电气设备的各种运行参数和绝缘电阻值	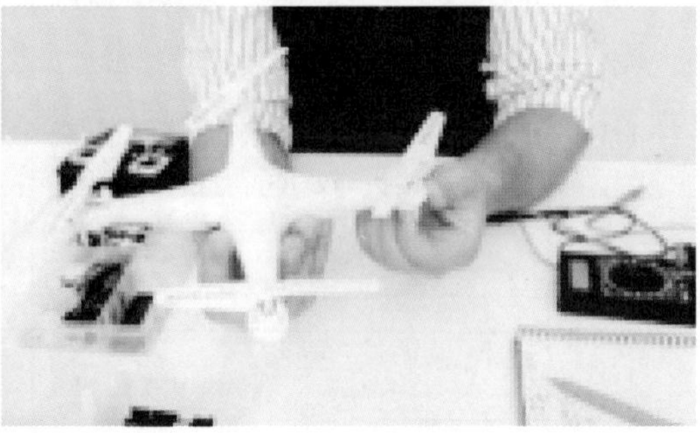

任务考核 >>>

1. 笔试考核(5 分钟)

个人在规定时间内完成 2 道问答题。

(1) 无人机机体结构的主要功能是什么?

(2) 多旋翼无人机的结构与线缆检查操作中,"闻"这个动作,是用来干什么的?

2. 实践考核(15 分钟)

分小组在规定时间内完成教具多旋翼(或固定翼,或直升机)无人机的结构与线缆检查,并记录。

（1）准备器材：飞行器平台、相关工具与测量设备等。

（2）进行分组：3 人为 1 组，进行实践操作。

（3）考核要求：完成教具多旋翼（或固定翼，或直升机）无人机的结构与线缆检查，找出至少 3 个问题（教师预设 5 个以上）。

3. 课后要求

以小组为单位，分别整理出三种机型的"飞行前飞行器检查单"，并编制 Word 文档。下次课上交。

任务 1.9　飞行前重量与配平调整操作

无人机的重量与配平调整是系统飞行前检查中的重要一步。为顺利掌握这一技能，需要了解无人机的升力以及升力与重力的平衡等相关知识，熟悉各种类型无人机配重心的基本操作。

知识准备 >>>

1.9.1　无人机的升力

空气和水都是由自由流动的分子组成的流体。只要有温度这些分子就会前后左右乱动，只有在热力学温度 0 K（–273 ℃）时它们才会停止。

在常温下，微观角度无数个分子撞击到某一个平面，这些撞击力之和就是我们测得的压力。

如果空气不流动，这些小分子会向四周均匀地撞来撞去，这时从任何位置测得的压力都是 1 个大气压。如果这些小分子集体向某个方向高速运动，那么它们大部分的能量将用来冲击运动方向，此时对周围其他方向撞击力小了，对周围的压力也就小了，小于 1 个大气压。因此，水或者空气中速度快的地方大的压力集中在速度方向，而其他方向的压力就小。正是因为这种原因，龙卷风转的比周围空气快，龙卷风区域的压力就比周围空气小，它才能把周围的物体吸进去（其实是被周围空气的 1 个大气压压进去的）；水中的漩涡也是一样的原理。这种流体中速度越大的地方压力越小的原理就是伯努利原理，也就是飞机产生升力的原理。

图 1–36 是伯努利原理的经典实验：水管越细的地方水流越快，分子向前冲击的趋势越明显，侧向顶出的水位越低，A、B、C 处压力均小于正常的 1 个大气压，而且越来越小。

图 1–37（a）实验中：高速吹动两张纸之间的空气，中间的压力将低于 1 个大气压，两侧 1 个大气压的空气此时将两片纸向中间挤压。图 1–37（b）场景中：足球中的"香蕉球"也遵从伯努利原理，内侧球皮转动带动的表皮气流将使一侧的空气气流加速，另一侧减速，球将向空气气流加速的方向（也就是压力小的方向）弧线移动，球体的这种效应也称为马格努斯效应。

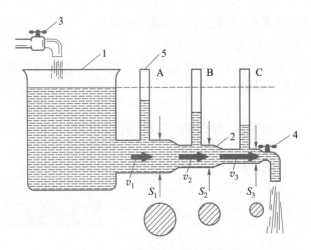

图 1-36　伯努利原理的经典实验

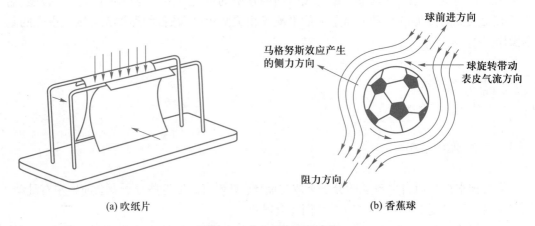

(a) 吹纸片　　　　　　　　　　　　(b) 香蕉球

图 1-37　伯努利原理的验证

　　固定翼无人机的主翼、直升机的旋翼、多旋翼无人机的螺旋桨切开后都是一个背部拱起、底部平坦的形状,这种形状就称为翼形。当翼形与空气有相对运动时,拱起的翼形背部将会挤压空气流动,这时背部空气相当于从粗水管流进细水管,细水管处的流速将变快,压力将变小,所以翼形上表面的压力将低于下表面的压力,机翼其实是被上下表面空气压力差托起来的,"升力"就这样产生了,如图 1-38 所示。

1.9.2　无人机升力与重力的平衡

　　配平可以简单地理解为让无人机的升力与重力平衡,以保持飞行中的姿态稳定。
　　无人机的重心位置会随着无人机重量的分布情况不同而发生变化。当重心位置前后左右移动太多时,无人机将难以控制。所以在配置载重时,应当注意妥善安排各项载重的位置,使整机重心变化不要超出安全范围。
　　固定翼无人机的升力主要来自主翼,升力作用点基本就在机翼背部拱起最高的位置。这个位置在靠近机翼前缘的四分之一处,也就是翼弦 25% 处左右。所以固定翼无人机的理

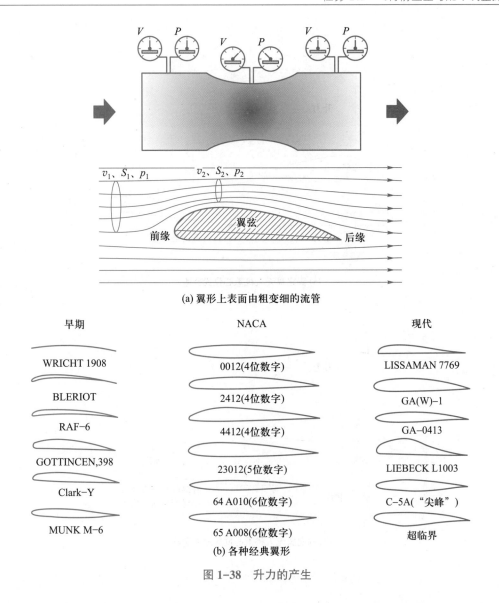

(a) 翼形上表面由粗变细的流管

早期　　　　　　　　　　NACA　　　　　　　　　　现代

WRICHT 1908　　　　0012(4位数字)　　　　LISSAMAN 7769

BLERIOT　　　　　　2412(4位数字)　　　　GA(W)–1

RAF–6　　　　　　　4412(4位数字)　　　　GA–0413

GOTTINCEN,398　　　23012(5位数字)　　　LIEBECK L1003

Clark–Y　　　　　　64 A010(6位数字)　　　C–5A(“尖峰”)

MUNK M–6　　　　　65 A008(6位数字)　　　超临界

(b) 各种经典翼形

图 1–38　升力的产生

想重心也应该在这个位置,如图 1–39(a)所示;如果真实重心位置比理想位置靠前太多,升降舵必须拉杆,飞机才能平飞,同时因为拉杆角度有限制,所以重心有前限,如图 1–39(b)所示;如果真实重心位置比理想位置靠后太多,升降舵必须推杆,飞机才能平飞,同时因为推杆角度有限制,所以重心也有后限,如图 1–39(c)所示。

固定翼无人机在真实的飞行中,重心太靠前,会使无人机操纵变得异常迟钝;重心太靠后,会使无人机变得异常灵敏,仍然难以操纵。所以根据实际经验,一般把固定翼无人机重心范围控制在平均气动弦 20%~40% 之内。

旋翼,特别是大多数多旋翼,升力作用点基本就在机体几何中心位置。其理想重心也应该在这个位置,如图 1–40(a)所示;如果真实重心位置与理想位置偏差太多,电动机转速必须差速很多,多旋翼无人机才能保持姿态稳定,这会影响到多旋翼无人机在运动时的控制能力以及抗风性,如图 1–40(b)所示。

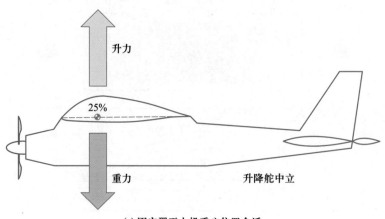

(a) 固定翼无人机重心位置合适

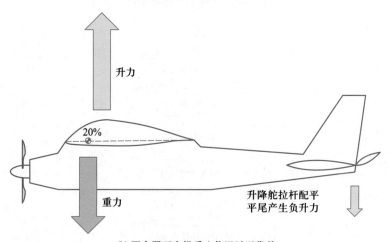

(b) 固定翼无人机重心位置过于靠前

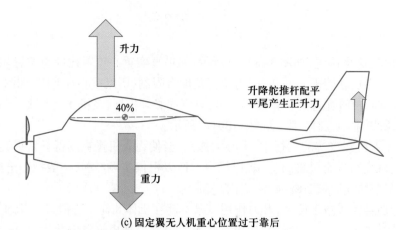

(c) 固定翼无人机重心位置过于靠后

图 1-39　固定翼无人机的配平

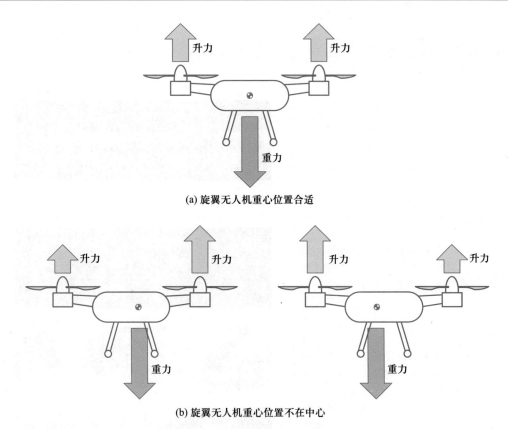

(a) 旋翼无人机重心位置合适

(b) 旋翼无人机重心位置不在中心

图 1-40 旋翼无人机的配平

无论是固定翼还是旋翼无人机,因为油箱、电池、挂载物等都是可能会变化重量的设备,所以此类设备一般都布置在理想重心上。

任务实施 ▶▶▶

1.9.3 工业级无人机配重心操作

操作步骤	操作说明	示意图
1	最简单的固定翼无人机配重心方法: 两人各用食指抬起固定翼两侧翼尖,着力点位于25%弦线处;观察头轻还是头重;如不平衡,首先移动内部设备配平;如移动设备仍不能配平,则需要安装配重块	

续表

操作步骤	操作说明	示意图
2	根据飞行数据的固定翼无人机配重心方法： 　如果固定翼无人机重心合适，那么在自主巡航平飞中，除去油门外，各舵面数据应该接近0。如果实际参数如右图所示，升降舵需要推杆11步，俯仰才能平衡，说明重心过于靠后	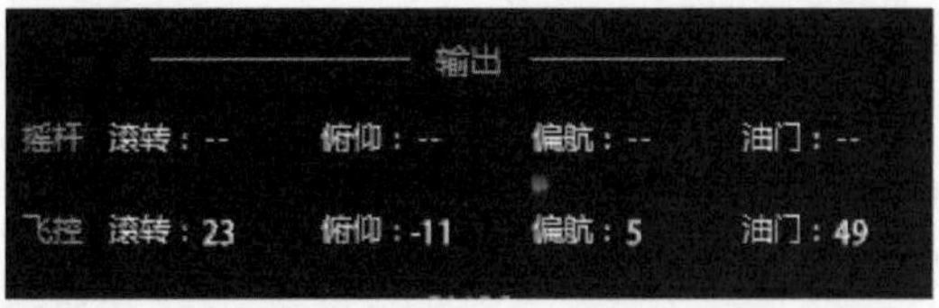 输出 摇杆 滚转：-- 俯仰：-- 偏航：-- 油门：-- 飞控 滚转：23 俯仰：-11 偏航：5 油门：49
3	如果实际参数如右图所示，升降舵需要拉杆10步，俯仰才能平衡，说明重心过于靠前	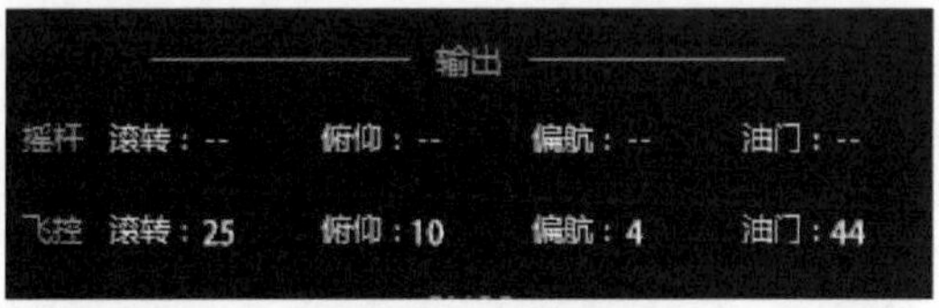 输出 摇杆 滚转：-- 俯仰：-- 偏航：-- 油门：-- 飞控 滚转：25 俯仰：10 偏航：4 油门：44
4	根据步骤2或3中飞行数据显示的实际情况，调整动力电池前后位置或增加配重块来调整重心；再次飞行测试，检查数据；…；直至自主巡航中，各舵面数据接近0	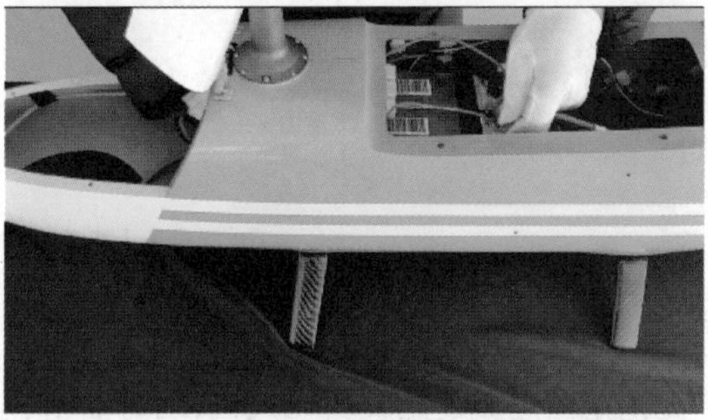
5	多旋翼无人机配重心方法： 　提起相对的一组机臂，观察平衡情况；再提起与前一组交叉相对的一组机臂，观察平衡情况	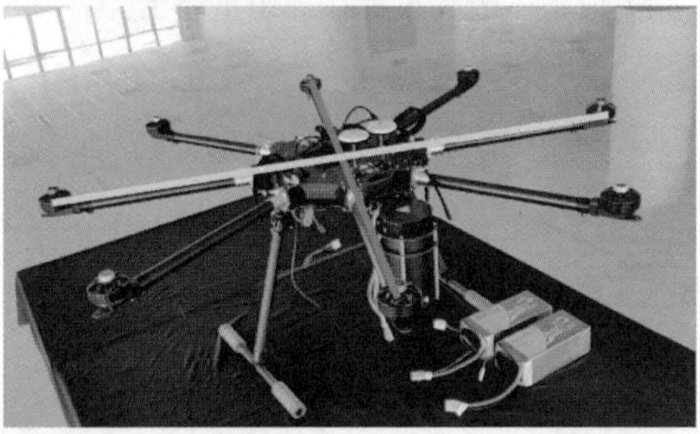
6	根据平衡情况，调整电池和挂载物位置来保证重心位于多旋翼无人机中心 　由于工业级多旋翼无人机设备布置空间较富裕，所以要尽可能通过调整设备位置来改变重心，尽量不要使用配重块	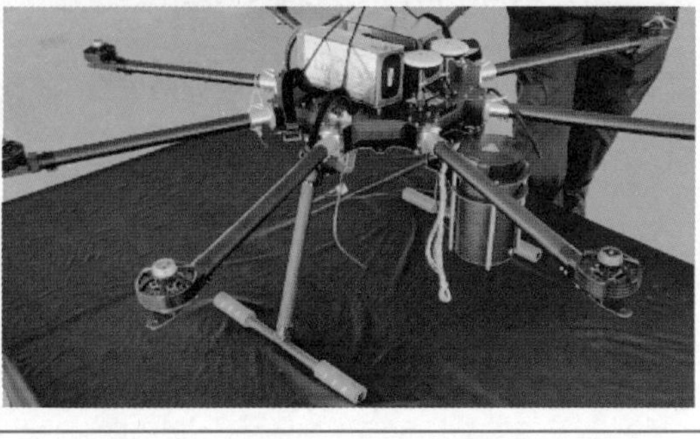

1.9.4　消费级无人机配重心操作

操作步骤	操作说明	示意图
1	在安装任务设备前,左右手单指分别顶起无人机①号电动机与③号电动机,查看斜线重心位置	
2	左右手单指分别再顶起无人机②号电动机与④号电动机,再次查看重心位置;左右手单指分别再顶起机架左右以及前后查看重心位置	
3	如重心偏移中心位置,可在对应位置安装配重块,逐步调整至水平状态	

操作步骤	操作说明	示意图
4	如重心位置与机体中心位置相同,可直接将任务载荷设备安装在中心位置即可	
5	无论进行的是步骤 3 还是 4,在最后安装完任务设备后,均需重复步骤 1、2 检查重心	

任务考核 ▶▶▶

1. 笔试考核(5 分钟)

个人在规定时间内完成 2 道问答题。

(1) 如何确定固定翼无人机的重心位置?

(2) 用配重块调整重心有什么缺点?

2. 实践考核(15 分钟)

分小组在规定时间内完成教具无人机的重量与配平调整,并进行相应记录。

(1) 准备器材:多旋翼无人机、固定翼无人机、载荷设备、相应标准件与工具等。

(2) 进行分组:3 人为 1 组,2 人进行实践操作,1 人进行记录。

(3) 考核要求:按流程进行操作;完成各机型无人机的重量与配平调整;记录遇到的主要问题,解决方法。

3. 课后要求

分组上网搜索并讨论飞翼无人机的重心位置如何确定,下次课提问。

任务 1.10　飞行前动力装置检查操作

　　动力装置是无人机的心脏,在无人机飞行前对动力装置进行细致的检查,可以直接排除掉飞行作业中很多重大的安全隐患。为顺利掌握这一技能,需要了解电动动力的检查设备、油动动力的基本调试等相关知识,熟悉各种类型无人机动力装置检查的基本操作。

知识准备 ▶▶▶

1.10.1　电量检查设备

1. 万用表

　　万用表又称为多用表、三用表等,是电力电子等部门不可缺少的测量仪表,一般以测量电压、电流和电阻为主要目的。它是无人机测量动力电池、设备电池电量的首要设备,如图 1-41 所示。

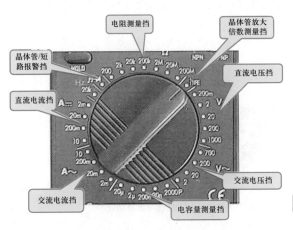

(a) 万用表挡位

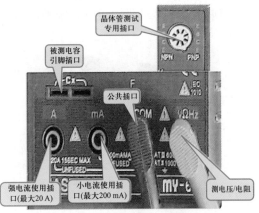

(b) 万用表插口

(c) 普通万用表测负载直流电压

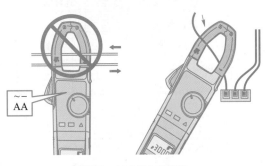

(d) 钳形万用表测负载电流

图 1-41　万用表

2. BB 响

BB 响的学名是锂电池低压蜂鸣报警器。因为廉价、重量轻、声音大,所以电动动力无人机飞行时,时常会挂载在机上,等它鸣叫的时候,就提示无人机电池快没电了,该降落了。平常在地面使用 BB 响时,可以迅速方便地测得动力电池总电压和单体电压,如图 1-42 所示。

重量: 9 g
尺寸: 40 mm×25 mm×11 mm
适用: 用于1S-8S锂电池检测
电压检测精度: ±0.01 V
组电压显示范围: 0.5~4.5 V
报警电压设定范围: OFF~2.7~3.7 V
低电压蜂鸣器报警模式: 2S-8S
1S-8S测试模式电压范围: 3.7~30 V

(a) BB响的典型指标　　　　(b) BB响会依次显示动力电池总电压和每片电压

图 1-42　BB 响

1.10.2　活塞发动机的基本调试

之前章节讲过,活塞式燃油动力系统由桨、机、气、火、油五部分组成。这五部分中,进气系统的调整是最复杂的。下面以最常见的汽化器式进气系统为例(如图 1-43 所示),介绍一下如何通过大、小油针对进气系统进行调整。

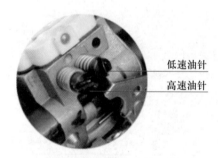

(a) 最普遍的汽化器活塞发动机　　　　(b) 汽化器上的低速与高速油针

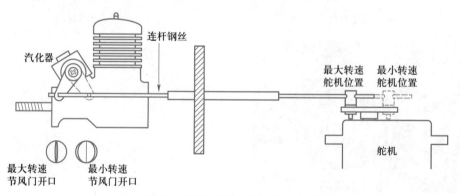

(c) 舵机通过控制汽化器节风门盖板角度实现调速

图 1-43　汽化器式进气系统

调油针的目的是让发动机获得稳定的最低与最高转速；调油针的作用是改变供油量与油气混合比。

先调低速油针。发动机发动后，通过遥控器将节风门收至最小。此时用螺丝刀顺时针转动低速油针，发动机的转速会逐渐变小，在某个极限位置，由于供油太少，发动机开始变得无法维持低速运转，此时将低速油针向逆时针方向收一点，便找到了低速油针的合适位置。此时发动机的转速是能维持运转的最低转速，也称为怠速，一般发动机的转速为 1 500 r/min 左右，如图 1-44（a）所示。那么，发动机不调低速油针行吗？不行，因为要么怠速转速过高，要么发动机怠速会停车。

再调高速油针。发动机运转时，通过遥控器将节风门开至最大。此时用螺丝刀顺时针转动高速油针，发动机的转速会逐渐变大，在某个极限位置，由于油气混合比太小，发动机开始变得无法维持高速运转，此时将高速油针向逆时针方向收一点，便找到了高速油针的合适位置。此时发动机的转速是能稳定运转的最高转速，一般发动机的转速为 5 500 r/min 左右，如图 1-44（b）所示。那么，发动机不调高速油针行吗？不行，因为最高转速时，要么油气混合中油太多，发动机会富油，冒黑烟，产生积碳；要么油气混合中气太多，发动机会贫油，不稳定，极易停车。

（a）在最小节风门位置调低速油针获得最低转速　　　（b）在最大节风门位置调高速油针获得最大转速

图 1-44　通过油针调节获得最大、最小转速

任务实施 >>>

1.10.3　电动动力装置检查操作

操作步骤	操作说明	示意图
1	桨： 检查螺旋桨是否按对应电动机安装；检查螺旋桨安装是否牢固；检查桨叶是否出现裂痕、缺口、老化，如果损伤严重，建议直接更换新的螺旋桨	

操作步骤	操作说明	示意图
2	机: 　检查电动机各个紧固螺钉是否松动;检查电动机接线位置是否有松动烧蚀;检查电动机转动是否正常,有无不正常摩擦、卡阻、窜轴和异常响声;检查缝隙中是否有小颗粒物质;通电后不转或异常响动,应立即断电	
3	调: 　目视检查电调电路板上元器件是否有损坏;检查电缆在电子调速器电路板上的焊点是否牢固可靠、有无虚焊、短路;检查电子调速器上各型电缆线材有无挤压、损坏;检查各电缆连接器是否正常;需要时,可使用万用表对线路进行短路、断路检查;如有故障,但无法锁定问题时,果断更换电子调速器	
4	池: 　检查电池电量是否充足;检查电池安装是否牢固可靠;检查电池是否有鼓包,有鼓包果断更换;检查电池外观是否有其他损坏、变形、漏液;检查电池电缆、电缆连接器是否正常	
5	检查电动机、电子调速器、电池、飞控之间的电缆连接与电缆固定	

1.10.4　油动动力装置检查操作

操作步骤	操作说明	示意图
1	桨： 检查桨的正反面安装方向是否正确；检查桨径、螺距是否与发动机匹配；检查螺旋桨安装是否牢固，紧固件是否被破坏；检查螺旋桨本身是否出现裂痕、缺口；有条件，螺旋桨要进行静、动平衡的检查	
2	机： 检查发动机在火墙上的安装是否可靠；检查发动机的减震是否可靠；检查发动机各个部件是否安装紧固	
3	气： 检查进气口是否有灰尘与污渍；检查油门舵机与节风门的连接是否可靠，能否做到全行程控制；检查低速油针的调整，观察怠速是否稳定；检查高速油针的调整，观察高速是否稳定 电喷式进气装置工作原理与汽化器式不同，需按其要求进行检查	
4	火： 检查 CDI 点火器或者磁电点火器的固定及线路连接是否可靠；检查火花塞是否有效，触点是否烧蚀，安装是否牢固；检查点火器与火花塞的连接是否可靠	
5	油： 检查油箱是否安装牢固；检查油箱是否做好封闭；检查硬式油箱是否做好与大气相通，软式油箱能否正常收缩；检查油箱内部重锤或油槽是否工作正常；检查各管路是否完好与可靠连接；检查油料是否符合标准	

🔲 **任务考核** >>>

1. 笔试考核(5 分钟)

个人在规定时间内完成 2 道问答题。

(1) 多旋翼无人机飞行时,有一个电子调速器过热保护,可能是什么问题?

(2) 经过检查发现,某发动机始终低转速运转,高转速上不去。什么原因?

2. 实践考核(15 分钟)

分小组在规定时间内按照安全操作程序完成教具电动和油动动力装置检查,并记录。

(1) 准备器材:电动动力装置试验台、油动动力装置试验台、相应设备与工具等。

(2) 进行分组:3 人为 1 组,进行实践操作。

(3) 考核要求:能够熟练地进行电动或油动动力装置运转调试检查,并发现与排除预设故障。

3. 课后要求

以小组为单位,整理出无人机"飞行前(电动或油动)动力系统检查单",编制 Word 文档。下次课检查。

任务 1.11 飞行前控制站与链路检查操作

对于大型无人机而言,在飞行前需要进行全系统的联试检查。小型无人机的这项工作同样重要,但是相对简单,在飞行前进行控制站与链路的联合检查就可以了。为顺利掌握这一技能,需要了解无人机系统的信息流等相关知识,熟悉典型工业级无人机飞行前检查单的使用方法,熟悉消费级无人机飞行前控制站与链路检查的基本操作。

🔲 **知识准备** >>>

1.11.1 无人机系统的信息流

无人机系统是有人航空系统的进化。随着技术的进步,飞控导航系统的出现逐渐替代了飞行员,才使机载无人飞行成为可能。由于无人,飞机可以做得更小、更猛或更无畏。但由于现阶段飞控导航系统还没有人"聪明",所以如果没有人在地面遥控指挥,稍微复杂点的环境与情况,无人机将无所适从,如图 1-45 所示。

有人机的空管人员会通过二次雷达、ADS-B 等设备监视有人机的位置信息,通过语音对有人机发出指挥信息;无人机的驾驶人员则通过地面站界面,依靠数据链路监控无人机的位置信息,通过杆、鼠标、键盘、触摸屏等对无人机发出指挥信息。

有人机由于机上有驾驶员和导航员,他们自己在机上就可见监控和处理很多复杂的信

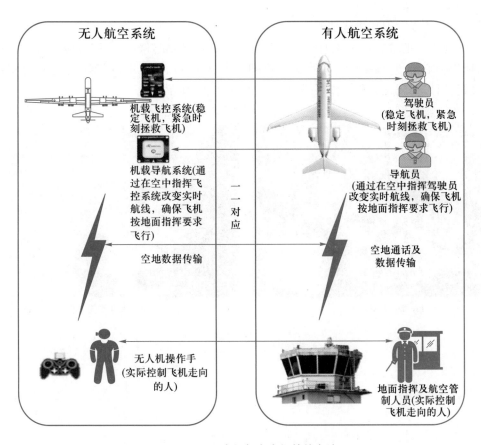

图 1-45　无人机与有人机的信息流

息与状态,而无人机处理相对复杂的信息与状态,则必须依靠链路。所以有人机的空地信息流断了、失联了、可能问题还不太大;但无人机的空地信息流断了,就非常危险了。

因此,飞行前检查控制站与链路的目的就是检查无人机全系统的信息流是否畅通。

1.11.2　无人机对驾驶人员的要求

有人机飞行员要上天飞行,所以身体素质要好;有人机飞行员要目视观察外界,所以眼睛要好;有人机飞行员要实时通过杆舵稳定与操纵飞机,所以空间感觉和操作手感要好;有人机飞行员要处理危急情况和战斗,所以心理素质要好;如图 1-46 所示。

无人机虽然多数时候是飞控计算机在飞,但是面对复杂的系统与庞大的信息流,操作手必须在把控好全局的同时控制好各

图 1-46　有人机飞行员要身体好

个分子系统,所以知识和技能都要丰富。

大型无人机的驾驶员多数时刻是在计算机界面前规划与修改航线,以及监控飞机各种指标,所以要心细、反应果断! 小型无人机的驾驶员在特定情况下,还需要通过杆舵稳定与操纵飞机,所以空间感觉和操作手感也要好,如图 1-47 所示。

(a) 驾驶大型无人机

(b) 驾驶小型无人机

图 1-47   无人机驾驶员要脑子好

任务实施 >>>

1.11.3   典型工业级无人机飞行前检查操作

操作步骤	操作说明	示意图
1	首先登记人员及任务信息	

续表

操作步骤	操作说明	示意图
2	地勤人员进行飞行前飞行器检查(参考任务 1.8、任务 1.9、任务 1.10)	
3	飞控连接等检查,系统一般会自动进行自检 　姿态角检查,一般需要地勤人员抬起飞行器,改变飞行器姿态;地面站人员在地面站软件界面上检查反馈	
4	磁罗盘检查时,如果出现超限,一般通过"一键校准"就可以解决;如果出现磁罗盘报红,显示有干扰状态,需先排查干扰源	

续表

操作步骤	操作说明	示意图
5	摇杆连接状态系统一般会自动检测;摇杆方向与杆量需要人工检查	
6	对电动机顺序、方向、转动响应进行检查;对各舵面对应关系、动作方向、动作范围进行检查;对各任务舵机动作进行检查	
7	对初始爬升高度、是否自动返航等特殊飞行设置进行检查	

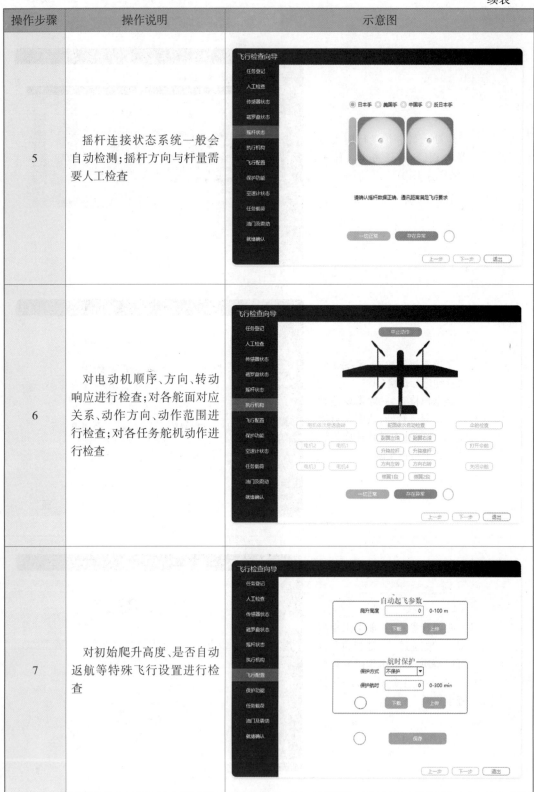

续表

操作步骤	操作说明	示意图
8	对低电压保护、动力失效保护、坠毁保护等设置进行检查	
9	固定翼、垂起等安装空速管的无人机，还需要进行空速清零操作	
10	在起飞前，再进行一次必要的任务载荷测试操作(参考任务 1.7)	

续表

操作步骤	操作说明	示意图
11	启动动力装置,检查震动情况下,全系统设备是否工作正常	
12	工业级无人机按照飞行前检查单进行全部检查后,需要机组人员签字确认,并留存记录 无人机已经准备好起飞	

1.11.4 消费级无人机飞行前站链检查操作

操作步骤	操作说明	示意图
1	打开遥控器与无人机;在开机状态下,手持无人机;轻轻前后左右转动无人机;检查遥控器APP 的图像界面,其上姿态显示是否正常	

续表

操作步骤	操作说明	示意图
2	将无人机放置于平整地面；遥控器解锁；在油门中立情况下，依次操作副翼、升降、方向3个操作量，检查无人机操作反应是否正常	
3	打开APP的任务编辑界面；编辑一条航线任务；选择上传至无人机，检查数据上传是否正常	
4	上传航线完成后，在APP的航迹界面，检查地图上的预设航线是否正确；检查无人机的图标显示及其他数据显示是否正常	

续表

操作步骤	操作说明	示意图
5	在 APP 的图像界面,检查图像回传是否正常,是否有卡顿与延时	

任务考核 >>>

1. 笔试考核(5 分钟)

个人在规定时间内完成 2 道问答题。

(1) 无人机系统上传的信息都有哪些?

(2) 无人机系统下传的信息都有哪些?

2. 实践考核(15 分钟)

分小组在规定时间内按照安全操作程序完成飞行前控制站与链路检查,并进行相应记录。

(1) 准备器材:教具机、站、链及相关设备与工具等。

(2) 进行分组:3 人为 1 组,2 人进行实践操作,1 人进行记录。

(3) 考核要求:能安全按照操作程序完成飞行前控制站与链路检查。

3. 课后要求

以小组为单位,讨论固定翼、多旋翼无人机在飞行前控制站与链路检查操作中,步骤有什么不同。下次课提问。

任务 1.12　飞行前导航飞控设备校准操作

如果想让无人机自己飞行,必须让无人机知道自己的姿态基准与位置基准,这必须通过飞行前导航飞控设备校准操作才能实现。为顺利掌握这一技能,我们需要了解校磁原理、定位原理等相关知识,熟悉固定翼无人机、旋翼无人机飞行前导航飞控设备校准的相关操作。

知识准备 >>>

1.12.1　通过校磁得到姿态基准

测量与控制姿态是飞控的最基本功能。

人类走进一个屋子,会自觉不自觉地用眼睛扫视窗愣子、门框子,只要我们和它们垂直与水平,我们就站直了,控制住了姿态。人们走进游乐场斜屋子站不直,就是因为眼睛测量姿态的错觉,如图 1-48 所示。

无人机在天上飞,有一条看不见、从北指向南、和大地平行的磁力线,无人机上要安装能看见这根线的磁力计,飞机和磁力线的左右夹角就是航向角,和磁力线的上下夹角就是俯仰角。这种磁力计和大型飞机的机械罗盘、机械陀螺等功能类似,但便宜和轻得多。无人机起飞前,进行校磁,就是让它先认清楚当地的磁力线,如图 1-49 所示。

图 1-48　进到游乐场的斜屋子你会站不直

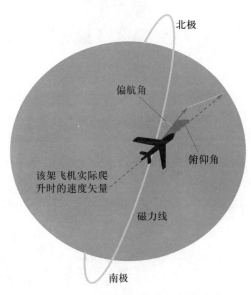

图 1-49　磁力计协助无人机判断姿态

无人机的磁力计能测量出实际飞行方向与磁力线的上下角度和左右角度,这样无人机就知道自己站的直不直啦。

实际使用中,光有磁力计是不够的。无人机上还会安装速率陀螺和加速度计一起来测量、计算、判断姿态。

1.12.2　通过定位得到位置基准

测量与控制位置就是导航,导航可以依靠星星和太阳,但阴天了怎么办?

我们需要阴天云层挡不住的星星。1957 年 10 月 4 日人类发射了第一颗人造卫星,之后经过7年,美国人发射了全球第一组导航卫星,组成星座(伪星座),取名全球定位系统(global positioning system,GPS)。

GPS卫星不像北极星一样在天上的位置不动,它是转来转去的,那怎么靠它测量位置呢? 靠时间差!

GPS卫星是我们在特定时间,按特定角度和速度送入预定轨道的,所以在每个特定时刻,所有GPS卫星在地球哪个位置上空我们是知道的,这些数据称为星历(卫星的日历)。根据星历能够知道当前时间下,每颗GPS卫星的星下点,如图1-50所示。

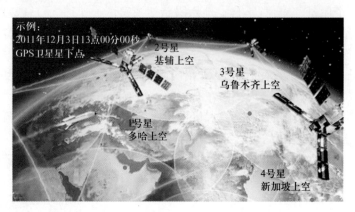

图1-50 星下点

根据GPS的星历,我们知道了星下点,也就是圆心。

GPS卫星只广播2个数据,"我是几号星,北京时间几点了"。

无人机上的GPS接收机,根据收到的"某颗卫星的北京时间"和地面站上真正的北京时间比对,时间延时乘以无线电速度(光速),就得出无人机距离这颗星的距离,画出1个圈。

3颗星3个圈交于1个点,无人机就定出了自己的经纬度。所以定位最少要3颗星以上,越多越准确。定位原理如图1-51、图1-52、图1-53所示。

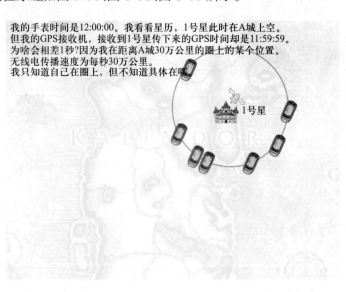

图1-51 1颗星的时间延时只能确定无人机在某个圈上

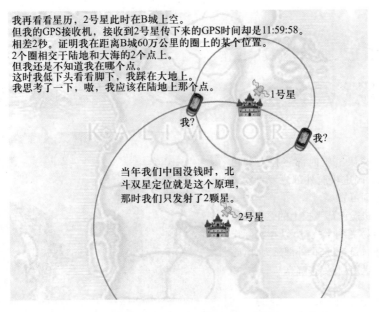

我再看看星历，2号星此时在B城上空。
但我的GPS接收机，接收到2号星传下来的GPS时间却是11:59:58。
相差2秒。证明我在距离B城60万公里的圈上的某个位置。
2个圈相交于陆地和大海的2个点上。
但我还是不知道我在哪个点。
这时我低下头看看脚下，我踩在大地上。
我思考了一下，噢，我应该在陆地上那个点。

1号星

我？

我？

当年我们中国没钱时，北斗双星定位就是这个原理，那时我们只发射了2颗星。

2号星

图 1-52   2 颗星的时间延时只能确定无人机在 2 个点上

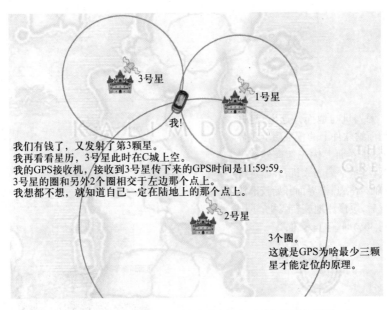

3号星

1号星

我！

我们有钱了，又发射了第3颗星。
我再看看星历，3号星此时在C城上空。
我的GPS接收机，接收到3号星传下来的GPS时间是11:59:59。
3号星的圈和另外2个圈相交于左边那个点上。
我想都不想，就知道自己一定在陆地上的那个点上。

2号星

3个圈。
这就是GPS为啥最少三颗星才能定位的原理。

图 1-53   3 颗星的时间延时能完全确定无人机的经纬度

任务实施 >>>

1.12.3　固定翼无人机飞行前校准操作

操作步骤	操作说明	示意图
1	确认机舱内部飞控安装可靠;确定机舱外部磁罗盘安装牢固可靠 机舱内部飞控上的磁力计较容易受到干扰,所以在实际作业时,较多选择外部磁力计(磁罗盘)参与姿态解算	
2	无人机与地面站通电;打开地面站软件上的校准磁罗盘界面,在界面上优先选择外部磁罗盘;水平端起飞机,开始进行 x 轴校准;点击界面开始校准按键后,缓慢原地旋转飞机;进度到30%时,停止校准	

续表

操作步骤	操作说明	示意图
3	进度到30%时,开始进行 y 轴校准;机头朝下,缓慢原地旋转飞机;进度到70%时,停止校准	
4	水平端起机身侧面,缓慢原地旋转飞机,开始 z 轴校准;进度到100%时,缓慢放下飞机;查看内置跟外置采集参数全为绿色的时候表示成功;此时点击发送后保存 　　姿态基准已找到	

续表

操作步骤	操作说明	示意图
5	确定机舱外部 GPS 天线安装牢固可靠；观察地面站界面，等待 GPS 完成搜星 位置基准已找到	

1.12.4　多旋翼无人机飞行前校准操作

以 TTAM6E 无人机为例。

操作步骤	操作说明	示意图
1	将多旋翼无人机放置于远离金属和建筑物的空地上，拆卸掉螺旋桨	
2	无人机通电；打开地面站软件，进入调参界面；点击磁罗盘校准，选择采集 300 个点	

续表

操作步骤	操作说明	示意图
3	分别进行 x,y,z 轴校准。x 轴校准时,飞机水平放置,双手掌心向上握住对称的机臂(如 3,6)抬起,保持水平,原地逆时针旋转三圈;观察地面站软件,提示 x 轴校准完成,即可校准其他两轴	
4	校准 y 轴时,保持机头朝下,原地逆时针旋转三圈;观察地面站软件,提示 y 轴校准完成即可	
5	校准 z 轴时,保持机头朝向身体一侧,逆时针原地旋转三圈;地面站软件提示校准完成,将无人机重新平放于地面	
6	观察地面站软件,采集点数达到 300 点,校准界面进度条为百分之百并无出现任何红色提示;断电,重新上电,完成校准 姿态基准已找到	

续表

操作步骤	操作说明	示意图
7	观察地面站界面,等待 GPS 完成搜星 位置基准已找到	

任务考核 >>>

1. 笔试考核(5 分钟)

个人在规定时间内完成 2 道问答题。

(1) 无人机为什么换一个地方要校地磁?

(2) 理论上,无人机搜索卫星到多少颗可以完成定位?

2. 实践考核(15 分钟)

分小组在规定时间内完成飞行前导航飞控系统校准操作,并进行相应记录。

(1) 准备器材:教具无人机、地面站、相应设备与工具等。

(2) 进行分组:3 人为 1 组,2 人进行实践操作,1 人进行记录。

(3) 考核要求:正确完成无人机飞行前导航飞控系统校准操作,记录过程。

3. 课后要求

查询并记忆学校当地经纬度,精确到分。下次课检查提问。

任务 1.13　飞行前环境安全确认操作

是否有良好的外界飞行环境,是无人机顺利完成飞行作业的重要保证。飞行前的各项检查是基础,飞行环境的安全确认是前提。为顺利掌握这一技能,需要了解飞行环境中的气象因素、空域因素、起降场因素、电磁因素等知识,熟悉各种类型无人机飞行前环境安全确认操作。

知识准备 >>>

1.13.1　影响无人机飞行的气象因素

在大气层内飞行的是航空器。那么,航空器必然会受到大气运动的影响。从国内外多年来的飞行事故统计资料分析表明,由于气象因素造成的飞行事故占总事故数的 1/3~1/4。

在航空器飞行的各个阶段,影响飞行的主要气象因素也不完全一样,可大致分为:

● 起降阶段:侧风、阵风、下沉气流、风的垂直切变、视程障碍、雾、降雪、沙尘暴、低云、大雨、积冰、跑道积水、积雪等。

● 爬升、巡航、下滑阶段:云中湍流、晴空湍流、地形波、低空急流、雷暴、台风、积冰、沙尘暴、浮尘等。

无人机可以看作是最小的航空器,实际作业中,影响最大的气象因素主要包括:风、雨雪、大雾、温度。

1. 风

一般指水平风。

固定翼无人机的飞行速度较快,抗风能力较强。在空中风速小于巡航速度一半时,一般都能正常作业,部分固定翼无人机在 20 m/s(相当于 8 级风)的风速中都能正常飞行。依靠跑道轮式起降的固定翼无人机,起降时对侧风大小有限制,一般允许的正侧风都不能超过 10 m/s。

旋翼无人机的飞行速度偏慢,抗风能力相对差一些。其抗风能力一般跟飞控的姿态限幅、飞行平台的水平阻力及动力系统的剩余马力 3 个因素相关。旋翼无人机中,多旋翼无人机比直升机的抗风能力又差一些。现有的多旋翼无人机抗风能力一般都在 4 级~5 级。例如"悟"指标为 10 m/s(5 级)。

风力的测试一般使用手持测风仪,如图 1-54 所示。

2. 雨雪

目前,多数民用无人机设备并无防水功能。雨雪形成的水滴会对相关的电子电路造成影响,出现短路或漏电的情况。机械结构中的金属材料与部分标准件,进水后也会出现腐蚀与生锈等情况。所以在雨、雪较大时,应该严禁飞行。如果必须在小雨、小雪中作业,须对结构与线路做好防水处理。

3. 大雾

民用无人机自主飞行能力较弱,特别是在起降时,往往还需要操纵人员与飞行器建立目视接触。所以在有雾的情况下要慎重决定是否飞行,大雾情况下要果断取消作业。

4. 温度

温度因素对不同类型无人机的影响不同。油动无人机在高温环境中,飞行时要做好发动机的散热;油动无人机在低温环境中,飞行前要做好发动机的预热。电动无人机在

图 1-54　手持测风仪

高温环境中,飞行时要做好电动机、电子调速器的散热;电动无人机在低温环境中,飞行前要做好电池的保温。

1.13.2　影响无人机飞行的起降场因素

无人机的起降场必须位于可使用的空域下方。

固定翼无人机在起飞和降落方向必须无高大障碍物,给飞机的爬升和下滑留出一条通道。轮式起降的固定翼还需要跑道,跑道的长度、宽度、质量因飞机而异。

旋翼无人机起降场要求较为简单,有一块足够大的空地即可,但应避免在人群稠密区或闹市区起降。

起降场的选择还需要综合考虑地形与气象的作用,如图1-55所示。

图1-55　地表障碍物造成湍流也会影响飞行

任务实施 >>>

1.13.3　固定翼无人机飞行前环境安全确认操作

操作步骤	操作说明	示意图
1	气象: 下载一款通航气象APP软件;重点查询飞行时间段,巡航高度的风速与降水概率预报;判断是否符合飞行要求	

续表

操作步骤	操作说明	示意图
2	气象: 　　起飞前根据风筒或测风仪判断风速、风向,是否满足起飞要求;在风速较为稳定的时间段,放飞飞机	
3	空域: 　　在云系统中查询任务区是否为可飞行空域;申请飞行计划;待批复后,可实行作业	
4	起降场: 　　根据起降方式要求,选择相对开阔、周围无高大建筑物的平整地面作为起降场地。地面站架设位置要考虑链路、光线等因素	
5	电磁: 　　场地选择与航线规划中要排除掉地磁场、电磁频谱、电磁场对飞行的干扰	

1.13.4 多旋翼无人机飞行前环境安全确认操作

操作步骤	操作说明	示意图
1	气象: 起飞前观察周围物象;判别风速、风向,是否满足起飞要求;在风速较为稳定的时间段,放飞飞机	风级　名称　风速　陆地物象 0　无风　0.0~0.2　烟直上 1　软风　0.3~1.5　烟示风向 2　轻风　1.6~3.3　感觉有风 3　微风　3.4~5.4　旌旗展开 4　和风　5.5~7.9　吹起尘土 5　劲风　8.0~10.7　小树摇摆 6　强风　10.8~13.8　电线有声
2	气象: 多旋翼起落时间短,可在降雨或降雪间隙起飞作业	
3	空域: 在云系统中查询任务区是否为可飞行空域;申请飞行计划;待批复后,可实行作业	

续表

操作步骤	操作说明	示意图
4	起降场： 　多旋翼时常在城市附近空域作业，由于周围有建筑物的遮蔽，一定要通过 APP 界面确定卫星颗数在 8 颗以上才能够起飞；飞行中要持续观察搜星颗数	
5	电磁： 　飞行中，为保证无线电视距通畅，地面操作人员要适时跟进；航线某些关键位置需要有观察人员协助观察无人机位置、高度，以避免与建筑物、电线、树木等发生碰撞	
6	电磁： 　鉴于城市内电磁环境复杂，无人机不能距离遥控人员过远，要避免飞行器越过建筑物或绕行到建筑物的后方而进入驾驶员视觉盲区；要和高压线、通信塔架保持足够的距离	

任务考核 ▶▶▶

1. 笔试考核（5 分钟）

个人在规定时间内完成 2 道问答题。

（1）同一架电动多旋翼无人机，冬天飞行时间长，还是夏天飞行时间长？

(2) 风筒吹平大概是几级风?

2. 实践考核(15 分钟)

分小组在规定时间内完成本地 0 米高度、200 米高度风力风向的判断与查询,并进行相应记录。

(1) 准备器材:风筒、测风仪、记录表、相应气象应用 APP 等。

(2) 进行分组:3 人为 1 组,2 人进行测量与查询,1 人进行记录。

(3) 考核要求:按流程进行测量与查询操作;记录数据正确。

3. 课后要求

以小组为单位,统计主流民用无人机无线电设备频谱,并制表。下次课上交检查。

项目 2

无人机驾驶(中级)飞行任务操作

 项目描述

1. 证书技能要求

职业技能等级标准描述——飞行任务操作部分见表 2-1。

表 2-1　职业技能等级标准描述——飞行任务操作部分

工作任务	职业技能
无人机视距内起降与悬停	• 能安全稳定地操纵辅助模式下的无人机起飞 • 能安全稳定地操纵辅助模式下的无人机降落 • 能安全稳定地操纵辅助模式下的多旋翼无人机(或无人直升机)在视距内定高定点悬停过程中持续偏航(或辅助模式下的固定翼无人机视距内定高盘旋飞行)
无人机视距内机动飞行	• 能在系统性能限制范围内,安全稳定地操纵辅助模式下的无人机执行定高匀速平飞的操作 • 能在系统性能限制范围内,安全稳定地操纵辅助模式下的多旋翼无人机(或无人直升机)执行向空间内同高某点斜向匀速移动(或辅助模式下的固定翼无人机在视距内定高转弯) • 能安全地操纵辅助模式下的无人机执行"水平 8 字"航线飞行
无人机超视距作业飞行	• 能依据地面站操作规范,进行航行要素校准操作 • 能完成超视距作业航线及各航点属性的规划 • 能依据作业要求与任务载荷操作要求,进行任务载荷设置与调试 • 能遵照系统使用手册,完成视距内手动操纵模式与超视距自动驾驶模式的切换 • 能按照作业需求,进行超视距巡检任务或信息探查任务的作业 • 能按照系统运行规范,持续进行系统运行态势与无人机航行要素的监督与管理 • 能依据作业需要,在超视距航线飞行过程中完成飞行任务暂停以及航线修改的操作

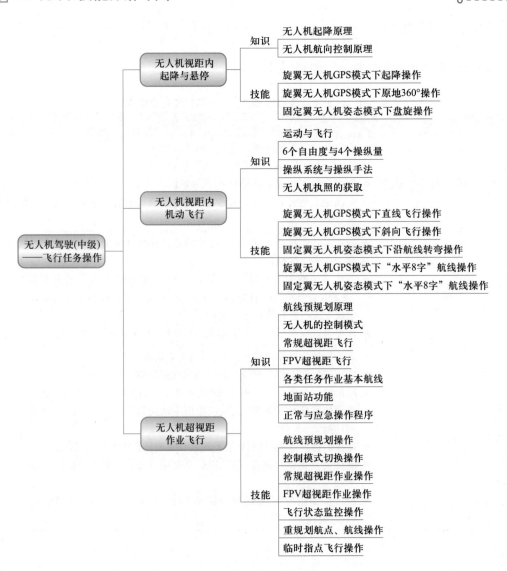

2. 项目引入

"飞行无小事",安全永远是航空的最重要指标。那么如何确保安全地驾驶无人机? 最重要的就是做好飞行训练。

"自动驾驶"指的是:无人机更多时候是自己在飞,驾驶员只是在指挥。所以,无人机驾驶的技能到了中级阶段,就变成了两大部分:一是正常模式下如何通过地面站指挥;二是应急模式下如何通过人工干预拯救无人机。

本项目将通过操纵原理、控制模式、地面站使用方法等知识点的学习,通过无人机视距内起降与机动飞行、超视距作业飞行的实际操作,系统性地锻炼学员在无人机驾驶——飞行任务操作阶段的技能。

3. 知识、技能分解导图

👥 4.条件准备

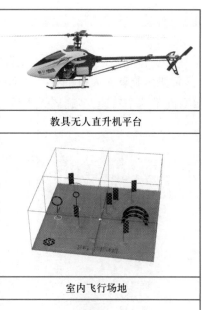

教具多旋翼无人机平台	教具固定翼无人机平台	教具无人直升机平台
教具地面站	教具任务载荷	室内飞行场地
室内飞行模拟器	外场飞行场地	飞行检查单

任务 2.1　辅助模式下无人机起降操作

　　据统计,无人机的飞行事故有50%出现在起降阶段,这说明掌握好起降操作本领是多么的重要。为顺利掌握这一技能,需要了解多旋翼无人机、无人直升机、固定翼无人机起降原理的相关知识,并且熟悉多旋翼无人机、无人直升机在 GPS 模式下的起降相关操作。

知识准备 >>>

2.1.1 多旋翼无人机的起飞和降落

起飞与降落,是多旋翼无人机除悬停外最基本的飞行操作,实施起来也比较简单。

每架多旋翼无人机都有一个巡航转速。在这个转速下,升力和重力平衡,多旋翼无人机悬停;高于这个转速,多旋翼无人机上升;低于这个转速,多旋翼无人机下降;如图 2-1 所示。

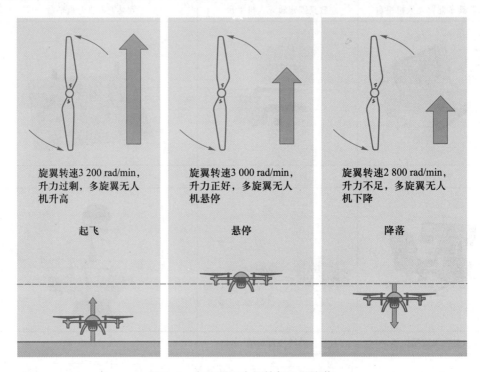

旋翼转速3 200 rad/min,升力过剩,多旋翼无人机升高

起飞

旋翼转速3 000 rad/min,升力正好,多旋翼无人机悬停

悬停

旋翼转速2 800 rad/min,升力不足,多旋翼无人机下降

降落

图 2-1 多旋翼无人机的起飞和降落

当多旋翼无人机在地面上解锁启动后,旋翼会以一个很低的转速开始预先旋转,此时升力很小,多旋翼无人机不会离地。起飞时,我们将转速控制到大于巡航转速,升力大于重力,多旋翼无人机离地上升。到达合适高度后,我们将转速控制到巡航转速附近,升力等于重力,多旋翼无人机悬停。降落时,我们将转速控制到略小于巡航转速,升力略小于重力,多旋翼缓慢下降,直至落到地面上。

多旋翼无人机由于可以方便地垂直起降,所以它并没有一个明确的起降航线。它可以先爬高,再往远飞;也可以边爬高,边往远飞。

2.1.2 无人直升机的起飞和降落

起飞与降落,是无人直升机除悬停外最基本的飞行操作。

无人直升机飞行中,旋翼的转速都是固定的,不能变化。那么怎么改变升力大小呢？主要靠改变旋翼的迎角实现(也称变总距)。在一个合适的迎角下,升力和重力平衡,无人直升机悬停;大于这个迎角,无人直升机上升;小于这个迎角,无人直升机下降;如图 2-2 所示。

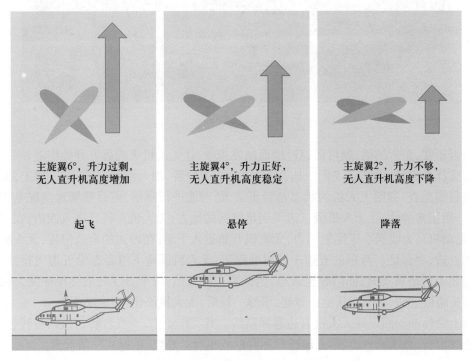

主旋翼6°,升力过剩,无人直升机高度增加　　主旋翼4°,升力正好,无人直升机高度稳定　　主旋翼2°,升力不够,无人直升机高度下降

起飞　　　　悬停　　　　降落

图 2-2　无人直升机的起飞和降落

无人直升机由于可以方便地垂直起降,所以它也没有一个明确的起降航线。它可以先爬高,再往远飞;也可以边爬高,边往远飞。相比来讲,综合效率与安全性,边爬高,边往远飞更好一些。

2.1.3　固定翼无人机的起飞和降落

起飞与降落,特别是降落,是固定翼无人机最复杂的飞行操作。

简单来讲,可以把固定翼无人机看作一直在巡航速度左右飞行。那么这个巡航速度会对应一个固定大小的发动机巡航马力。在巡航速度下,使用巡航马力,固定翼无人机就平飞;在巡航速度下,马力大一点,固定翼无人机就爬升;在巡航速度下,马力小一点,固定翼无人机就下滑;如图 2-3 所示。

固定翼无人机的起降是需要跑道的,像大型的客机和战斗机一样,它有一个典型的起降航线,这个航线一般被称为五边航线。固定翼无人机起飞前,会被迎风放在起飞线上;起飞时,将发动机马力推到最大,无人机滑跑、加速、离地,此时马力大于巡航马力,无人机保持爬升姿态沿一边飞行;飞行一段距离后,无人机左转弯进入二边,在二边前后,无人机爬升到合适高度,此时,将发动机马力收到巡航马力附近,无人机开始平飞;二边飞行一小段后,无人机左转弯进入三边,三边时,飞机离地面站较近,此时通过地面站或目视检查,判断无人机

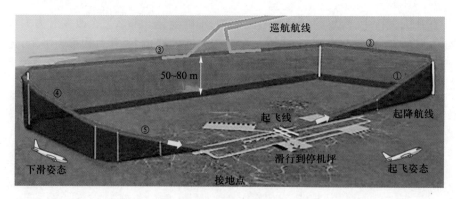

图 2-3 固定翼无人机的起飞和降落

状态是否正常,正常的话,就可以通过地面站发指令,让无人机飞向远方开始作业;…。无人机在远方作业完后,会首先飞回三边,在三边的某个位置,加入起降航线;在三边上,通过地面站或目视检查,判断无人机的状态是否正常,是否能进行降落,再看看场地情况是否允许降落;一切正常的话,让无人机沿三边飞到足够远的地方,无人机左转弯进入四边;在四边前后,将发动机马力收到小于巡航马力,无人机开始进入下滑;在四边的合适位置,无人机左转弯进入五边,要保证转弯后的五边正好对准跑道;无人机保持下滑姿态沿五边飞行,距离地面高度还有两倍翼展时,油门收至最小,俯仰姿态拉开始、拉平、拉飘;最终保证无人机在接地时机头略微上仰,但不能从地面弹起,滑跑一段后,无人机停止,完成降落。

以上是标准的固定翼无人机五边起降航线。其实作业中,一直右转、右转、右转、右转飞起降航线也行,只飞第一边、第五边进行起降航线也行。总之,依据实际情况来。

任务实施 ▶▶▶

2.1.4 多旋翼无人机 GPS 模式下起降操作

以 TTAM6E 无人机、美国手为例。无人直升机 GPS 模式下起降操作与多旋翼类似。

操作步骤	操作说明	示意图
1	将遥控器挡位开关置于 GPS 模式下;双手握住遥控器;拇指和食指将左手的摇杆拨到右下角,右手的摇杆拨到左下角,保持 3~5 s 后松手;俯仰、滚转、方向摇杆回中,油门摇杆处于最低位;无人机解锁,电动机息速转动;此时将油门摇杆推至中立偏上即可离地	

操作步骤	操作说明	示意图
2	待多旋翼无人机离地 0.5 m 左右；油门摇杆拨回中立位，多旋翼无人机保持悬停；使用滚转摇杆、俯仰摇杆进行微调控制，使多旋翼无人机保持在地面标记上空	
3	降落时，油门摇杆拨到中立偏下三分之一处，多旋翼无人机出现缓慢降落趋势；保持油门摇杆位置，等待落地即可	
4	飞机落地瞬间，将油门摇杆拨到底部，保持油门摇杆处于底部位置 3~5 s，注意不要松手，避免发生复飞，造成危险	
5	3~5 s 螺旋桨怠速停止；松开油门摇杆。要注意保持油门摇杆处于最低位，避免发生危险	

任务考核 >>>

1. 笔试考核(5 分钟)

个人在规定时间内完成 2 道问答题。

(1) 固定翼无人机的五边起降航线,每个边上都干什么?

(2) 多旋翼无人机、无人直升机起降时,原理有什么不同?

2. 实践考核(15 分钟)

个人在规定时间内,在模拟器上完成多旋翼无人机(GPS 模式)、固定翼无人机(姿态模式)的起降操作。

(1) 准备器材:飞行模拟器、计算机等。

(2) 进行分组:3 人为 1 组,每人完成两类起降操作。

(3) 考核要求:按流程进行操作;顺利完成起降。

3. 课后要求

以个人为单位,编写"模拟器上固定翼与多旋翼操纵区别的体会"Word 文档。下次课上交检查。

任务 2.2 辅助模式下无人机航向控制操作

航向控制操作是无人机最基本的飞行操作之一,是飞行的基本功。为顺利掌握这一技能,需要了解多旋翼无人机的转弯原理、无人直升机的转弯原理、固定翼无人机的转弯原理等相关知识,熟悉 GPS 模式下多旋翼无人机、无人直升机原地 360° 的基本操作,同时感受姿态模式下固定翼无人机左右盘旋的基本操作。

知识准备 >>>

2.2.1 多旋翼无人机怎么转弯

旋翼无人机由旋转的机翼直接产生升力,这样的好处是可以垂直起降,不依赖跑道。但机翼旋转同样带来一个坏处,就是反扭矩。如图 2-4 (a)所示,如果锯掉这架直升机的尾巴,这时,主旋翼还在发动机的驱动下顺时针旋转着,尾巴没了,机身慢慢地会沿着图示方向逆时针旋转,驾驶员就会晕头转向,这架直升机将会坠毁。顺时针旋转的旋翼会给机身带来逆时针的反扭,逆时针旋转的旋翼会给机身带来顺时针的反扭,所以多数的多旋翼和少数的直升机都是成对布置旋翼的,这样的好处就是不用尾桨,也可以克服反扭,如图 2-4(b)所示。

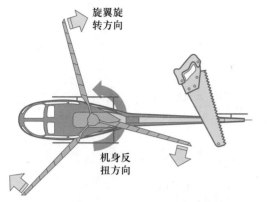

(a) 旋翼旋转致使机身产生反扭矩　　　　　　(b) 成对布置旋翼可以有效抵消反扭矩

图 2-4　旋翼的反扭矩

反扭这么麻烦,那它有什么好处吗?有。多旋翼无人机正好就是应用反扭来实现转弯的。如图 2-5 所示的四旋翼无人机,它右前和左后安装的是顺时针桨,左前和右后安装的是逆时针桨,成对布置。悬停时,4 个桨转速基本是一样的;如果让其中两个顺时针桨加速,两个逆时针桨减速,总升力保持不变,全机逆时针的反扭矩将增大,多旋翼无人机将左转;同理,让其中两个逆时针桨加速,两个顺时针桨减速,总升力保持不变,全机顺时针的反扭矩将增大,多旋翼无人机将右转。

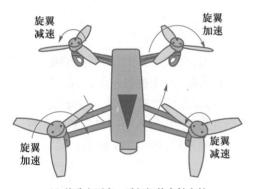

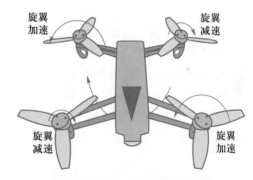

(a) 总升力不变,反扭矩使多轴左转　　　　　　(b) 总升力不变,反扭矩使多轴右转

图 2-5　多旋翼无人机转弯原理

2.2.2　无人直升机怎么转弯

无人直升机也同样是应用反扭来实现转弯的。如图 2-6 所示的一架无人直升机,它有一个顺时针旋转的大型旋翼,机身必然会产生逆时针旋转的反扭矩,所以在尾巴上的侧向安装一个尾桨来顶住机身,不让其旋转。悬停时,尾桨 5° 迎角,产生的气动力刚好顶住机身;将尾桨调到 2° 迎角,此时气动力顶不住反扭矩了,机身将左转;同理,将尾桨调到 10° 迎角,此时气动力大于反扭矩,机身将右转。

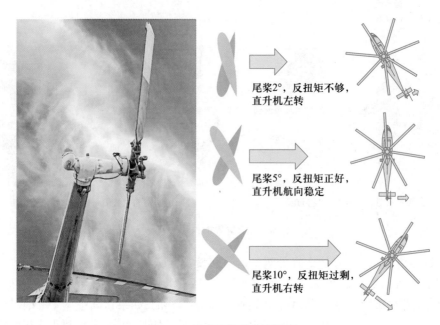

图 2-6 无人直升机转弯原理

2.2.3 固定翼无人机怎么转弯

固定翼无人机主要操纵副翼实现转弯。

固定翼无人机平飞时，机翼产生的气动力指向正上方，全部是升力，用来抵消重力。左转弯时，副翼左上右下，左侧机翼升力减小，右侧机翼升力增大，飞机向左滚转，滚转到一定角度后，副翼回中，飞机将保持在这个左坡度。飞机维持在左坡度时，机翼产生的气动力也会向左倾斜，这时除了垂直向上的升力外，还出现了向左的侧力，侧力会使飞机持续左转，直到操纵副翼将飞机重新摆平平飞为止。固定翼右转弯原理相同，如图 2-7 所示。

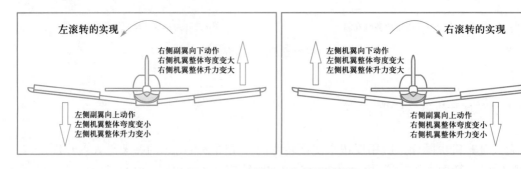

图 2-7 固定翼无人机操纵副翼转弯

原理上，仅仅操纵方向舵，也能够实现飞机的左转，但是侧力太小，转的太慢。因此实际飞行中，都会优先使用副翼转弯，如图 2-8 所示。

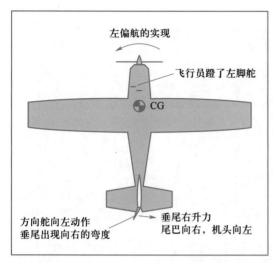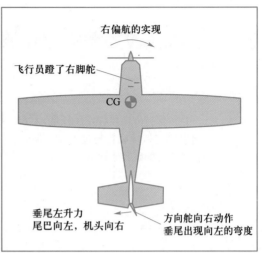

图 2-8　固定翼无人机操纵方向舵转弯

任务实施 >>>

2.2.4　无人直升机 GPS 模式下原地 360° 操作

多旋翼无人机 GPS 模式下原地 360° 操作与无人直升机类似。

操作步骤	操作说明	示意图
1	将遥控器挡位开关置于 GPS 模式下;内八解锁;熄火开关关闭;总距 / 油门摇杆推至中位以上,起飞;控制无人直升机飞至中心桶;保持对尾悬停,高度为 1.5~2.5 m	
2	向左轻拨方向摇杆,使无人直升机机头开始向左旋转;保持住方向杆量,无人直升机旋转超过 90°	

续表

操作步骤	操作说明	示意图
3	持续保持方向摇杆左压杆量,无人直升机将持续旋转超过180°。期间注意不要触碰其他杆量	
4	持续保持方向摇杆左压杆量,无人直升机将持续旋转超过270°。期间注意不要触碰其他杆量	
5	无人直升机持续旋转,恢复到对尾姿态,方向摇杆回中;要控制360°旋转一圈的时间在20 s左右	

2.2.5 固定翼无人机姿态模式下左右盘旋操作

多数民用固定翼无人机没有类似于GPS模式一样的位置修正模式,所以此处操作以姿态模式代替。

操作步骤	操作说明	示意图
1	姿态模式下,滚转摇杆、俯仰摇杆的杆量即代表了无人机滚转和俯仰的姿态量。方向摇杆、油门摇杆的杆量则代表方向舵、节风门的实际舵量 　　实际固定翼无人机盘旋操作中,主要操纵滚转摇杆、俯仰摇杆	
2	将遥控器挡位开关置于姿态模式下;准备左盘旋时,左压滚转摇杆到一定位置,保持,无人机开始左盘旋。杆量压的小,无人机左坡度小,弯转得慢,圈大;杆量压的大,无人机左坡度大,弯转得快,圈小	
3	进入左盘旋后,无人机总的气动力向左倾斜。分解到垂直方向抵消重力的分力会变小,无人机可能会掉高度。这时需要微微拉一点俯仰摇杆,以保证无人机不掉高度	

操作步骤	操作说明	示意图
4	准备右盘旋时,右压滚转摇杆到一定位置,保持,无人机开始右盘旋。杆量压的小,无人机右坡度小,弯转得慢,圈大;杆量压的大,无人机右坡度大,弯转得快,圈小	
5	进入右盘旋后,无人机总的气动力向右倾斜。分解到垂直方向抵消重力的分力会变小,无人机可能会掉高度。这时需要微微拉一点俯仰摇杆,以保证无人机不掉高度	

任务考核 ▶▶▶

　　1. 笔试考核(5 分钟)

　　个人在规定时间内完成 2 道问答题。

　　(1) 多旋翼无人机、无人直升机、固定翼无人机的转弯如何实现?

　　(2) 固定翼无人机能像旋翼无人机一样实现原地转弯吗? 旋翼无人机能像固定翼无人机一样实现前飞中转弯吗?

　　2. 实践考核(15 分钟)

　　个人在规定时间内,在模拟器上完成无人直升机的原地 360° 操作与固定翼无人机定高左右盘旋操作。

　　(1) 准备器材:飞行模拟器、计算机等。

　　(2) 进行分组:3 人为 1 组,3 分钟 1 人,依次进行实践操作。

（3）考核要求：按流程进行操作；顺利完成无人机航向控制操作。

3. 课后要求

以小组为单位，讨论为什么旋翼无人机悬停转弯中不容易掉高度，固定翼无人机转弯中容易掉高度。下次课上提问检查。

任务 2.3　辅助模式下无人机直线平飞操作

直线平飞操作是无人机最基本的飞行操作之一，是飞行的基本功。为顺利掌握这一技能，需要了解运动与飞行、6 个自由度、4 个操纵量等相关知识，熟悉 GPS 模式下多旋翼无人机、无人直升机直线飞行的基本操作。

知识准备 >>>

2.3.1　运动与飞行

一根线上的蚂蚁，1 个数可以决定它的位置；一张纸上的蚂蚁，2 个数可以决定它的位置；三维空间的蚂蚁（相当于一个质点），3 个数就可以确定它的位置，如图 2-9 所示。

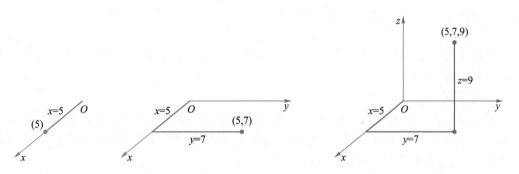

图 2-9　一维空间、二维空间、三维空间中的位置

无人机和蚂蚁的区别在于大小不一样，蚂蚁是点，无人机是体。三维空间沿着坐标轴的 3 个数只能确定物体的重心位置，但物体此时可能还是东倒西歪的，"体"还需要绕坐标轴的 3 个数来确定姿态。

所有物体在空间都具有这 6 个自由度，即沿 x、y、z 3 个直角坐标轴方向的移动自由度（位置）和绕这 3 个坐标轴的转动自由度（姿态），无论是踢出去的足球、发射出去的子弹还是水里游泳的鱼。因此，要完全确定任何物体的运动状态，就必须清楚这 6 个自由度，如图 2-10（a）所示。

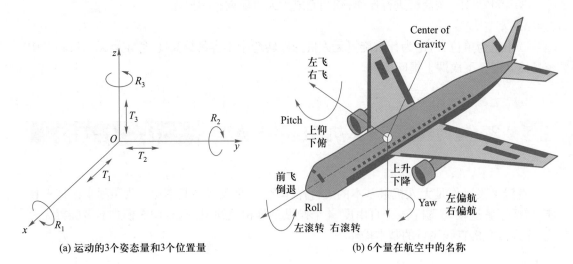

(a) 运动的3个姿态量和3个位置量　　　　　　(b) 6个量在航空中的名称

图 2-10　飞行的 6 个自由度

改变位置与姿态这 6 个数就叫运动。脱离地面,在三维空间改变这 6 个数就叫飞行。在大气层中的飞行叫航空;在宇宙空间的飞行叫航天。无人机作为一种航空器,它的飞行自然也围绕这 6 个自由度。而且这 6 个自由度在航空中还有自己专用的称呼。

3 个姿态量叫作:滚转、俯仰、偏航。

3 个位置量叫作:前飞 / 后退、左侧偏 / 右侧偏、升降。

2.3.2　无人机 6 个自由度耦合为 4 个操纵量

所谓飞行,就是如何改变姿态 3 个数和位置 3 个数。无人机能分别独立改变这 6 个自由度吗? 多数不能!

1. 旋翼无人机的操纵量

多旋翼无人机和无人直升机,姿态滚转时必然会引起位置左右移动,2 合 1;多旋翼无人机和无人直升机,姿态俯仰时必然会引起位置前后移动,又 2 合 1;所以旋翼无人机无论是飞控计算机飞,还是人飞,最终只剩下这 4 个操作量:

(1) 操纵滚转量引起——左右移动

(2) 操纵俯仰量引起——前后移动

(3) 操纵油门 / 总距量引起——上下移动

(4) 操纵偏航量引起——原地转动

旋翼无人机的 4 个操纵量如图 2-11 所示。

2. 固定翼无人机的操纵量

固定翼无人机,姿态滚转时必然会引起位置左右移动,2 合 1;固定翼无人机,姿态俯仰时必然会引起位置上下移动,又 2 合 1;所以固定翼无人机无论是飞控计算机飞,还是人飞,最终只剩下这 4 个操作量:

(1) 操纵滚转量引起——左右拐弯

（2）操纵俯仰量引起——爬升下降

（3）操纵油门引起——加减速

（4）操纵偏航量引起——机头左右摆动

固定翼无人机的 4 个操纵量如图 2-12 所示。

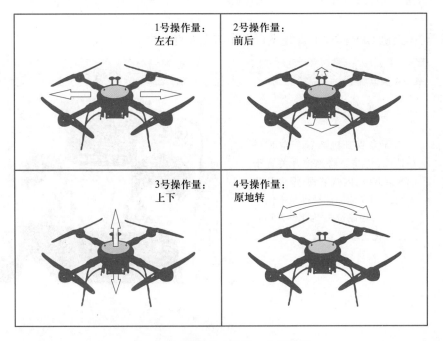

图 2-11　旋翼无人机的 4 个操纵量

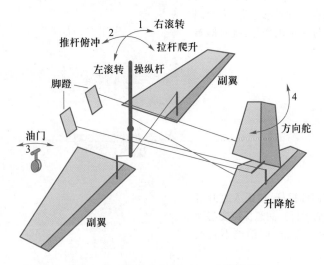

图 2-12　固定翼无人机的 4 个操纵量

任务实施 ▶▶▶

2.3.3　无人直升机 GPS 模式下直线飞行操作

多旋翼无人机 GPS 模式下直线飞行操作与无人直升机类似。

操作步骤	操作说明	示意图
1	将无人直升机放置于空旷平整地面;将遥控器挡位开关置于 GPS 模式下;内八解锁;熄火开关关闭;总距 / 油门摇杆推至中位以上,起飞,控制高度为 1.5~2.5 m,总距变化注意要平稳	
2	轻推俯仰摇杆,使无人直升机飞往中心桶,并保持对尾悬停状态。注意保持姿态稳定,位置偏差不超过一个机身位,航向偏差不超过 15°	
3	轻推俯仰摇杆,使无人直升机匀速向前飞行。注意保持姿态稳定、高度不变,航向偏差不超过 15°	

续表

操作步骤	操作说明	示意图
4	轻拉俯仰摇杆,使无人直升机匀速后退飞行。注意保持姿态稳定、高度不变,航向偏差不超过 15°	
5	将无人直升机前后调整至中心桶上空;轻轻左压滚转摇杆,使无人直升机匀速向左飞行。注意保持姿态稳定、高度不变,航向偏差不超过 15°	
6	轻轻右压滚转摇杆,使无人直升机匀速向右飞行。注意保持姿态稳定、高度不变,航向偏差不超过 15°	

任务考核 ▶▶▶

1. 笔试考核(5 分钟)

个人在规定时间内完成 2 道问答题。

(1) 固定翼无人机的平飞操作和旋翼无人机的平飞操作有什么区别?

(2) 旋翼无人机的平飞速度主要由哪个操纵量决定?

2. 实践考核(30分钟)

个人在规定时间内,在外场飞行场地,在旋翼实机上完成 GPS 模式下直线平飞操作。

(1) 准备器材:教具旋翼无人机、遥控器、地面站及风速仪、步话机等飞行支持设备。

(2) 进行分组:10人为1组,2分钟1人,依次进行实践操作。

(3) 考核要求:听指挥,有序进行操作感受;顺利完成 GPS 模式下的直线平飞操作。

3. 课后要求

在模拟器上,个人体会大杆量、小杆量对旋翼无人机左右飞行操作的影响,拍摄视频,发至代课老师处。

任务 2.4　辅助模式下无人机斜向飞行操作

斜向飞行是旋翼无人机作业飞行中常用的基本动作之一,其需要至少同时协调控制 2 个操作量才能实现。为顺利掌握这一技能,需要了解无人机的操纵系统、无人机的操纵手法等相关知识,熟悉 GPS 模式下多旋翼无人机、无人直升机斜向飞行的基本操作。同时,由于固定翼无人机的机动飞行方式与旋翼无人机有着很大的不同,需要对其原理进行理解,并通过对比训练强化认知。

知识准备 ▶▶▶

2.4.1　无人机的操纵系统

旋翼、固定翼无人机都有 4 个操纵量。那么飞行中怎么改变这 4 个操纵量呢?答案是通过操纵系统。

有人机的操纵系统核心是驾驶杆,驾驶杆通过钢丝、连杆、液压装置等连接到舵面上,有人机就变得可控,如图 2-13 所示。

(a) 战斗机的操纵系统

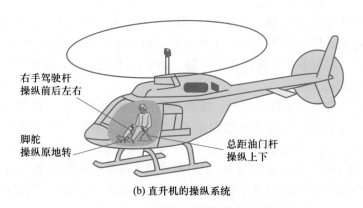

(b) 直升机的操纵系统

图 2-13 有人机的操纵系统

人类是先发明有人机,之后才发明无人机的。在发明无人机的时候,自然会遇到怎么把驾驶杆挪到地面的问题?使用无线电可以解决这个问题。在地面使用遥控发射机发射杆量,机载的遥控接收机接收杆量,如图 2-14 所示。

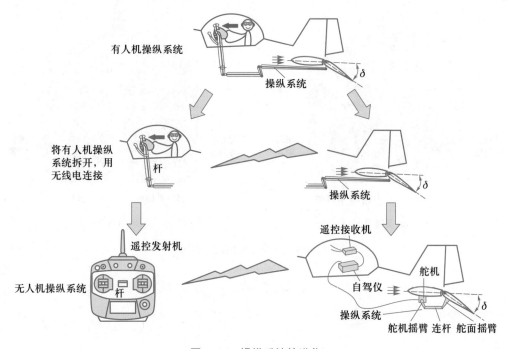

图 2-14 操纵系统的进化

2.4.2 无人机的操纵手法

怎么用手动杆的问题,就是操纵手法的问题。

有人机操纵手法一百多年来基本没变过。右手握杆管滚转与俯仰,脚下蹬舵管偏航,左

手腾出来控制油门 / 总距,拨开关。

美国人当初发明了飞机,载人航空发达,很多人是先飞有人机才飞航模和无人机的。所以当初美国人造的航模遥控器就是按照美国人习惯来设计的,右手上下俯仰,右手左右滚转,左手上下油门,用左手左右拨杆儿代替脚。如今,人们更习惯用美国手法(简称美国手)来飞多旋翼无人机!

美国手对新手有两个小问题:一是,滚装和俯仰是固定翼无人机最频繁操作的两个动作,但都在右手,右手紧忙活,左手可能没事干。二是,出于紧张,右手打俯仰时可能一不小心会加点滚转上去,右手打滚转时也可能一不小心会带点俯仰上去。所以日本人对遥控器做了改良,将这两个最频繁的动作分开,把俯仰放到左边改由左手控制,原来左手的油门放到右手,这就成了右手油门的日本手法(简称日本手)。如今,人们更习惯用日本手来飞固定翼无人机! 美国手与日本手的操作手法如图 2-15 所示。

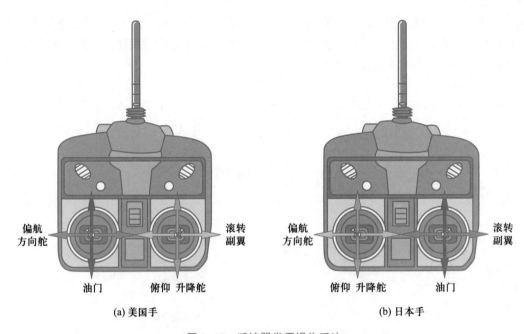

(a) 美国手　　　　　　　　　　　　(b) 日本手

图 2-15　遥控器常用操作手法

任务实施 ▶▶▶

2.4.3　无人直升机 GPS 模式下斜向飞行操作

多旋翼无人机 GPS 模式下斜向飞行操作与无人直升机类似。

操作步骤	操作说明	示意图
1	将遥控器挡位开关置于 GPS 模式下;内八解锁;无人直升机起飞后飞行至中心桶位置进行悬停;准备沿左前、左后、右前、右后的方向依次进行斜向飞行练习	
2	左压滚转摇杆,同时前推俯仰摇杆,保持;无人直升机以对尾姿态匀速沿直线向左前方向平移,高度 2 m 左右,速度 1.5 m/s 左右,到达左前方锥桶上方,回杆,进行悬停;反向打杆,返回中心桶上方。位置与高度误差不超过一个机身,航向偏差不超过 15°	
3	左压滚转摇杆,同时后拉俯仰摇杆,保持;无人直升机以对尾姿态匀速沿直线向左后方向平移,高度 2 m 左右,速度 1.5 m/s 左右,到达左后方锥桶上方,回杆,进行悬停;反向打杆,返回中心桶上方。位置与高度误差不超过一个机身,航向偏差不超过 15°	
4	右压滚转摇杆,同时前推俯仰摇杆,保持;无人直升机以对尾姿态匀速沿直线向右前方向平移,高度 2 m 左右,速度 1.5 m/s 左右,到达右前方锥桶上方,回杆,进行悬停;反向打杆,返回中心桶上方。位置与高度误差不超过一个机身,航向偏差不超过 15°	

续表

操作步骤	操作说明	示意图
5	右压滚转摇杆,同时后拉俯仰摇杆,保持;无人直升机以对尾姿态匀速沿直线向右后方向平移,高度 2 m 左右,速度 1.5 m/s 左右,到达右后方锥桶上方,回杆,进行悬停;反向打杆,返回中心桶上方。位置与高度误差不超过一个机身,航向偏差不超过 15°	
6	返回起飞点降落	

2.4.4 固定翼无人机姿态模式下沿航线转弯操作

固定翼无人机不能像旋翼无人机一样直接斜着飞行,要想改变当前航线,必须转着弯飞过去才行。

操作步骤	操作说明	示意图
1	固定翼沿航线飞行中会遇到 3 种弯:钝角弯、直角弯、锐角弯 无论是人飞,还是飞控计算机飞,这 3 种弯的实际飞行轨迹基本都如右图虚线所示 转弯的过程分为 3 步:进入、保持、改出。下面以右转弯为例进行具体说明	

操作步骤	操作说明	示意图
2	进入转弯： 　　确认遥控器挡位开关置于姿态模式下；右压滚转摇杆到一定位置，保持 　　右压的杆量代表无人机的目标姿态，飞控计算机会自动使副翼右上左下，将平飞的无人机控制到向右倾斜	
3	保持坡度： 　　此时持续保持右压杆量的位置。无人机到了杆量代表的坡度后，飞控会使左右副翼回中，飞机将保持这个坡度，持续转弯	
4	改出钝角、直角弯： 　　无人机持续转弯中，在快接近目标航线之前，要提前将滚转摇杆回中。此时无人机的目标坡度变为0，飞控会自动控制副翼左上右下，飞机将逐渐摆平；并且在摆平后正好压上新航线 　　提前回杆的原因，是因为飞机摆平需要一定的时间	

续表

操作步骤	操作说明	示意图
5	改出锐角弯： 　　固定翼在拐锐角弯时，一般会冲出过多，此时为了让无人机尽快压上新航线，一般会将右盘旋多保持一会儿，飞出大概 3/4 个圆。此时再改出，目标航线已位于无人机左侧 　　所以，锐角弯，在快接近目标航线之前，要提前将滚转摇杆反向打一定角度；快压上新航线时，再将滚转摇杆回中	

任务考核 ▶▶▶

1. 笔试考核（5 分钟）

个人在规定时间内完成 2 道问答题。

(1) 无人直升机的总距 / 油门与固定翼无人机的油门，操纵的各是什么量？

(2) 为什么固定翼无人机不能像多旋翼无人机一样斜着飞？

2. 实践考核（30 分钟）

个人在规定时间内，在外场飞行场地，在旋翼实机上完成斜向飞行操作，或在固定翼实机上完成沿航线转弯操作。

(1) 准备器材：教具无人机、遥控器、地面站及风速仪、步话机等飞行支持设备。

(2) 进行分组：10 人为 1 组，2 分钟 1 人，依次进行实践操作。

(3) 考核要求：听指挥，有序进行操作感受；顺利完成飞行操作。

3. 课后要求

在模拟器上，个人体会，不同俯仰杆量、滚转杆量对无人机斜向飞行角度的影响，拍摄视频，发至代课老师处。

任务 2.5　辅助模式下无人机 "水平 8 字" 航线飞行操作

　　首先，"水平 8 字" 航线是无人机视距内机动飞行最综合的飞行动作，对其，必须通过实践建立感性认知；其次，"水平 8 字" 航线也是未来驾驶员执照考核中的必考动作，必须熟练掌握。

　　因此，为顺利掌握这一技能，需要熟悉不同类型无人机 "水平 8 字" 航线飞行的具体操作手法。同时本任务中，还将介绍无人机驾驶员执照、执照飞行考核内容等知识。

知识准备 >>>

2.5.1　无人机驾驶员执照

无人机作为一种新生事物,其发展潮流势不可挡,会对传统航空业造成巨大的影响。人类未来的天空一定是有人无人并存的,在接纳了庞大规模的无人机群后,航空体系如何调整才能高效、安全、有序的继续发展,这正是目前正在研究与逐步实施的重大课题。

在这种背景下,想要安全有效地使用和操纵无人机,必须对相关的政策、规章及管理办法有较深入的了解。就好比要驾驶电动车上马路,就一定要知道什么是机动车道,什么是非机动车道,什么是人行道;什么是十字路口,什么是红灯;还有什么是大卡车,大卡车一般开多快,被大卡车撞一下会如何;还有谁是警察,一年扣 12 分会怎样等。

高技术的设备有其简单和傻瓜的一面,但也有其复杂的一面,一架消费级多旋翼的操纵肯定比蹬三轮车麻烦很多。要能很好地驾驭一样东西,必须很好地了解它,熟练地掌握它。就拿操作最简单的多旋翼无人机来说,诸如都有哪些飞行模式、速度、航时、控制半径,杆及开关的操作方式、地面站软件的操作方式,这些都是必须熟悉的。据不完全统计,无人机系统的事故有 70% 以上是人为因素引起的,而不是天气与设备。因为人员技术掌握程度不够,美军的"捕食者"都摔掉了四分之一,如果不加强训练,多旋翼无人机会怎样呢?

出于以上的原因,我国已经初步建立了无人机驾驶员的培训体系,经过相应的训练与考核,便可以获取无人机驾驶员执照。无人机驾照如图 2-16 所示。

美国

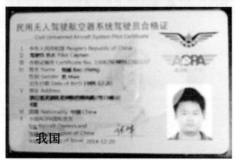

我国

(a) 无人机执照(实物版)

(b) 无人机执照(电子版)

图 2-16　无人机驾驶员执照

2.5.2　无人机执照的飞行考核

要想取得无人机的飞行执照,需要接受训练机构的理论培训与实践培训。

所有理论培训与实践培训结束后,会首先进入理论考试流程。理论考试方法很接近于汽车驾照的机考环节。考分及格才能进入下一环节的实践考核(飞行考核)。

多旋翼无人机、无人直升机,视距内驾驶员的飞行考核,主要包括"原地360°""水平8字"两个动作。固定翼无人机视距内驾驶员的飞行考核,主要包括"动力失效模拟迫降""水平8字"两个动作。三类飞行器都考"水平8字",说明了训练这个基本机动动作的重要性。

三类飞行器超视距驾驶员的实践考核,都要加试地面站操作。

三类飞行器教员的实践考核,都要加试口试。

考试流程示意图如图2-17所示。

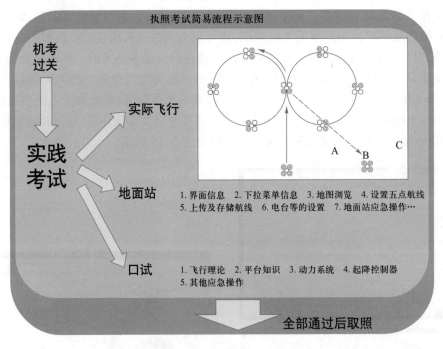

图 2-17　考试流程示意图

任务实施 ▶▶▶

2.5.3　多旋翼无人机 GPS 模式下"水平 8 字"航线操作

无人直升机 GPS 模式下"水平 8 字"航线操作与多旋翼无人机类似。

操作步骤	操作说明	示意图
1	将遥控器挡位开关置于 GPS 模式下;解锁;起飞后飞行至中心桶位置对尾悬停,高度为 2 m 左右;前推俯仰摇杆,同时左打方向摇杆,保持;多旋翼无人机匀速沿弧线飞往左圈最远处锥桶上方,高度为 2 m,速度为 1.5 m/s 左右。位置与高度误差不得超过一个机身,航向偏差不超过 15°	
2	保持杆量;多旋翼无人机继续匀速沿弧线飞往左圈最左处锥桶上方,高度为 2 m,速度为 1.5 m/s 左右。位置与高度误差不得超过一个机身,航向偏差不超过 15°	
3	保持杆量;多旋翼无人机继续匀速沿弧线飞往左圈最近处锥桶上方,高度为 2 m,速度为 1.5 m/s 左右。位置与高度误差不得超过一个机身,航向偏差不超过 15°	
4	保持杆量;多旋翼无人机继续匀速沿弧线飞往中心锥桶上方,高度为 2 m,速度为 1.5 m/s 左右。位置与高度误差不得超过一个机身,航向偏差不超过 15°	

续表

操作步骤	操作说明	示意图
5	保持俯仰摇杆前推;方向摇杆改为右打,保持;多旋翼无人机继续匀速沿弧线飞往右圈最远处锥桶上方,高度为 2 m,速度为 1.5 m/s 左右。位置与高度误差不得超过一个机身,航向偏差不超过 15°	
6	以同样的步骤完成右圈剩余航线飞行;回到中心锥桶上方,所有杆位回中,悬停	

2.5.4　固定翼无人机姿态模式下"水平 8 字"航线操作

操作步骤	操作说明	示意图
1	固定翼无人机姿态模式下,最大的滚转角会在飞控中进行设置与限制,一般为 30° 　这个极限滚转角下的转弯半径就是固定翼无人机的最小转弯半径,所以固定翼无人机能做的"水平 8 字"大小是有限制的,但旋翼无人机多小的"水平 8 字"都可以做	

操作步骤	操作说明	示意图
2	首先进入左转： 将遥控器挡位开关置于姿态模式下；准备先进行左盘旋；左压滚转摇杆到一定位置，保持，进入左盘旋	进入左转
3	保持坡度： 持续保持左压滚转摇杆量的位置，维持住左坡度；此阶段，气动力分解到垂直方向抵消重力的分力会变小，飞机可能会掉高度，需要微微拉一点俯仰摇杆，以保证高度	保持坡度
4	改出转弯： 快转完左圈前，要提前将滚转摇杆回中；将俯仰摇杆也回中；飞机将逐渐摆平，并在摆平后正好飞完左圈	改出转弯
5	继续进入右转： 右压滚转摇杆到一定位置，保持，进入右盘旋	进入右转

续表

操作步骤	操作说明	示意图
6	保持坡度: 持续保持右压滚转摇杆量的位置,维持住右坡度;微微拉一点俯仰摇杆,以保证高度	保持坡度
7	改出转弯: 快转完右圈前,要提前将滚转摇杆回中;将俯仰摇杆也回中;飞机将逐渐摆平,并在摆平后正好飞完右圈	改出转弯

任务考核 >>>

1. 笔试考核(5分钟)

个人在规定时间内完成2道问答题。

(1) 执照飞行考试时,多旋翼无人机、无人直升机、固定翼无人机的基本考核动作都是什么?

(2) 固定翼无人机的"水平8字"航线为什么有最小限制?

2. 实践考核(30分钟)

个人在规定时间内,在外场飞行场地,在多旋翼(直升机、固定翼)实机上完成"水平8字"飞行操作。

(1) 准备器材:教具无人机、遥控器、地面站及风速仪、步话机等飞行支持设备。

(2) 进行分组:5人为1组,4分钟1人,依次进行实践操作。

(3) 考核要求:听指挥,有序进行操作感受;顺利完成"水平8字"飞行操作。

3. 课后要求

在模拟器上,个人体会,不同类型无人机"水平8字"飞行操作的区别。并将相应飞行视频,发至代课老师处。

任务 2.6　无人机航线预规划操作

对于多数无人机来讲,视距外飞行是其主要的作业模式,要想安全地进行视距外飞行,设计好航线是最基本的要求。为顺利掌握这一技能,需要了解无人机超视距飞行、航线预规划等相关知识,熟悉消费级无人机与工业级无人机航线预规划的基本操作步骤。

知识准备 >>>

2.6.1　超视距飞行

用眼睛看着无人机,用遥控器控制飞行,像飞航模一样,这叫视距内飞行。

但是无人机不是航模,无人机往往要飞到很远的地方去执行任务,眼睛是看不见的,这时想要控制飞机必须依靠"电子地图 + 无线电"。用眼睛看着地面站电子地图上的无人机图标,用鼠标、键盘等控制飞行,像指挥士兵一样,这叫超视距飞行。

无人机超视距飞行时,会预先在地面站电子地图上点好 1 号、2 号、3 号、…航点,航点的连线就是预设航线;再将每个航点的 6 个数,发到飞控计算机上,飞控计算机将按照航线自动飞行;飞控计算机同时将无人机实际飞行出的航迹通过无线电发送到地面站上,供地面人员监控,如图 2-18 所示。

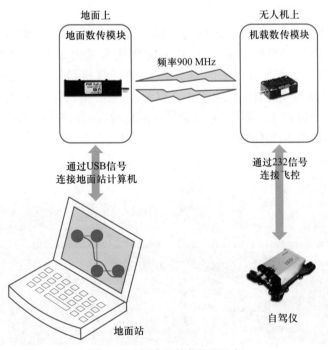

图 2-18　无人机的超视距飞行

2.6.2 航线预规划

无人机的超视距飞行,是我们在下命令,飞控计算机在飞。我们下的命令就是点出每个航点。而在飞行前,点航点的过程就是航线预规划。

预规划完成,无人机起飞后,飞控计算机会自动操纵 4 个操作量,改变无人机姿态,进而改变位置,按顺序飞到每个航点去。

以多旋翼无人机为例。起飞前,航线预规划,我们在屏幕上点出 2、3、4、5、6、…航路点,组成航线;对于每个点,地面站都会自动生成俯仰角、滚转角、偏航角、经度、纬度、高度 6 个数,如图 2-19 所示。

图 2-19 多旋翼无人机航线预规划

拨动"起飞"开关后;多旋翼无人机起飞到 1 点(当前点)悬停,如图 2-19 所示。拨动"go"开关后,飞控计算机目标变成了 2 点,多旋翼无人机向 2 飞去,如图 2-20(a)所示。当多旋翼无人机撞到 2 点半径 5 m 的圈子里,飞控计算机目标自动切换变成了 3 点,如图 2-20(b)所示。此时飞控计算机会把 1、2 点忘记,它心里只有 3 点,会向 3 径直飞去,如图 2-20(c)所示。当进到 3 点圈里,它又会把 3 点忘掉,径直向 4 点飞去,直到飞完所有航点后,返回起飞点,如图 2-20(d)所示。

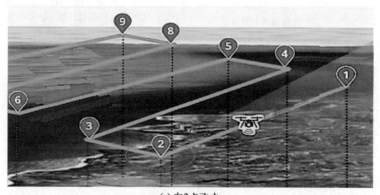

(a)向2点飞去

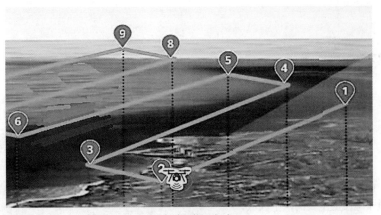

(b) 自动切换目标点

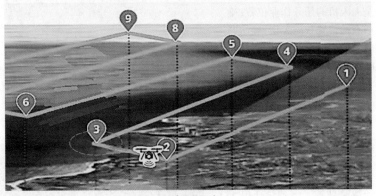

(c) 向3点飞去

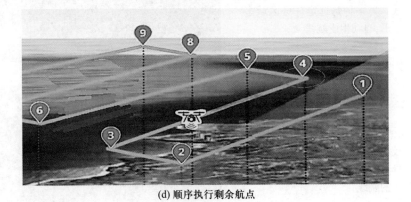

(d) 顺序执行剩余航点

图 2-20　多旋翼无人机执行预规划航线

任务实施 >>>

2.6.3　消费级无人机航线预规划操作

操作步骤	操作说明	示意图
1	航线预规划的第一步,是找出电子地图上重要的两个区域,一个是当前的无人机起降位置,一个是无人机的任务作业位置;确认两点的位置数据无误;确认两点的实际高度及落差;确认两点之间地形是否遮蔽无线电通信	
2	消费级无人机航线预规划方式一般有两种。一种是在电子地图上点击航点,手动生成航线。另一种是选定任务区域多边形,自动生成航线	
3	对于一般的训练任务,或比较灵活的航拍任务,我们会选择点击航点,手动生成比较简单的航线	

操作步骤	操作说明	示意图
4	对于对地测绘、植保作业等需要大量严格平行扫描航线的任务，我们会选择好任务区域多边形，自动生成扫描航线	
5	很多地面站，在实际飞行前，还有航线模拟功能。通过先快速模拟飞行一遍，可以检查预规划航线是否合理，是不是会发生碰撞，是不是无线电一直通畅，航时够不够等	
6	当根据现场勘测，或地图检查，或航线模拟发现某航点设置不合适时，需要单独对这个航点进行设置调整	
7	航线预规划的最后一步，就是将检查无误的航点、航线信息发送给无人机的飞控计算机	

2.6.4　工业级无人机航线预规划操作

操作步骤	操作说明	示意图
1	地面站连接无人机;选择无人机定位按键;快速找到无人机在电子地图中的位置。本步骤相当于找到航线规划的基准	
2	浏览电子地图;分析起降区与作业区地形	
3	分析本无人机的性能;分析本任务的特殊要求;将这些内容应用到之后步骤的航线设计中 无人机类别、级别的不同,决定了飞行性能的不同;任务设备的不同,决定了使用方式的不同。例如:最小转弯半径、最大升降速率、最小航迹段长度、作业行间距等	

续表

操作步骤	操作说明	示意图
4	对于一般的训练任务,或比较灵活的航拍任务,点击航点,手动生成航线	当前距离: 575 m 角度: 68.1° 总长度: 3 126 m
5	对于对地测绘、植保作业等需要大量严格平行扫描航线的任务,选择多边形区域,自动生成航线	AheadXSpace
6	重复执行之前的飞行任务,可从计算机硬盘航线库中调取已有文件,生成航线	Space　　航线_1 　　　　　航线_2 航线编辑　航线_3 　　　　　…… ·地面站软件中　　　航线文件 文件_a 文件_b 文件_c 计算机硬盘上
7	选取应急返航点或迫降点。可使无人机在遇到链路中断、动力失效等故障时,有效减少损失率	迫降指令

续表

操作步骤	操作说明	示意图
8	航线模拟。 对预规划好的航线进行模拟飞行,可提前验证航线的合理性	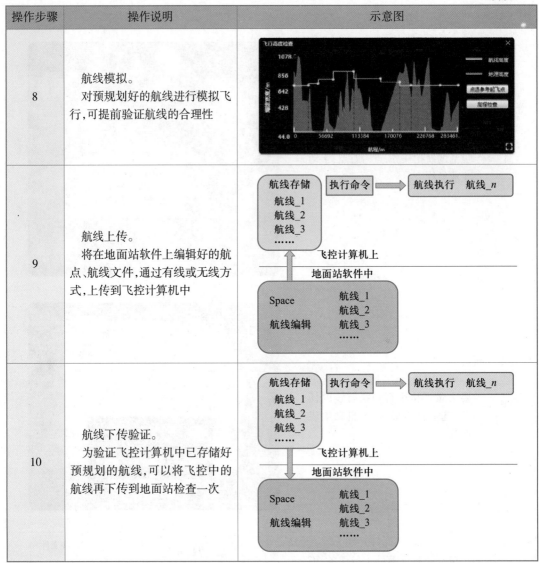
9	航线上传。 将在地面站软件上编辑好的航点、航线文件,通过有线或无线方式,上传到飞控计算机中	
10	航线下传验证。 为验证飞控计算机中已存储好预规划的航线,可以将飞控中的航线再下传到地面站检查一次	

任务考核 ▶▶▶

1. 笔试考核(5 分钟)

个人在规定时间内完成 2 道问答题。

(1) 无人机地面站界面上,常见的作业航线模板都有哪些?

(2) 一般的航点属性都包含什么?

2. 实践考核(15 分钟)

个人在规定时间内,在地面站上,完成一条有 5 个航点的闭合航线的规划。其中,3 个航点的相对高度为 80 m,2 个航点的相对高度为 50 m。航点之间距离大于 30 m,小于 100 m。

(1) 准备器材:地面站软、硬件及其他支持设备。

（2）进行分组：3 人为 1 组，5 分钟 1 组，依次进行实践操作。

（3）考核要求：顺利完成航线预规划操作。

3. 课后要求

在地面站上，完成一条测绘扫描航线的规划。相对高度为 100 m，行间距 60 m，行数不少于 10 行。拍摄规划完的航线照片，发至代课老师处。

任务 2.7　无人机控制模式切换操作

控制模式切换操作，是无人机视距外飞行的最基本操作之一。为顺利掌握这一技能，需要了解无人机控制的姿态回路与位置回路、无人机的控制模式原理等相关知识，熟悉典型无人机系统遥控器控制模式切换与地面站控制模式切换的相关操作。

知识准备 >>>

2.7.1　姿态 3 个数和位置 3 个数

飞行，就是如何改变姿态 3 个数和位置 3 个数。

无人机的飞行中，姿态 3 个数就是滚转角、俯仰角、偏航角，位置 3 个数就是东西的位置、南北的位置、上下的位置。无人机的每个航点都包括这 6 个数，这些航点的连线就是航线，如图 2-21 所示。

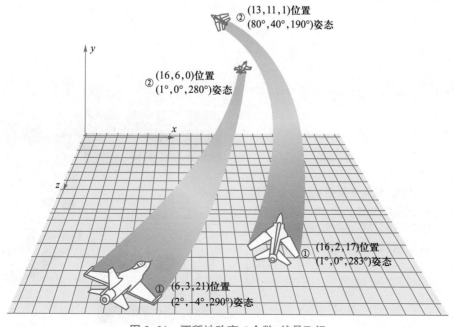

图 2-21　不断地改变 6 个数，就是飞行

2.7.2 无人机的控制模式

控制无人机就是控制好无人机的姿态和位置。无人机是人和飞控一起合作控制的。合作时,由谁控制姿态,由谁控制位置,这由控制模式来决定。

姿态和位置如果全由人来控制,飞控基本不干什么活,这就是舵面模式;如果姿态交给飞控控制,人来影响姿态进而控制位置,这就是姿态模式;如果姿态、位置全交给飞控控制,人来影响位置,这就是 GPS 模式;如果姿态、位置全交给飞控后,人什么都不管,这就是纯自主模式,如图 2-22 所示。

无人机为什么有这么多控制模式,其实和技术的不断发展有关。最初,只有遥控器,没有飞控,那时,只能看着无人机,直接遥控舵面,无人机还叫航模,很容易摔;后来,人们研究出能够控制姿态的简易飞控,安装到无人机上,这时姿态已交给了飞控控制,飞无人机变得非常轻松;再后来,人们研究出能够同时控制姿态与位置的飞控,这让无人机慢慢变得大众化,开始成为工具,飞起来反而没有了驾驶感,因为人的参与已经不多;当今的军用无人机、工业级无人机,飞控自己飞航线执行任务,它们已经变成了独立的机器人。

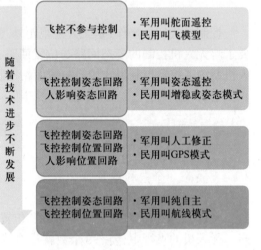

图 2-22 无人机的控制模式

任务实施 ▶▶▶

2.7.3 消费级无人机控制模式切换操作

操作步骤	操作说明	示意图
1	将移动设备安装到遥控器上并连接遥控器;短按一次,再长按遥控器电源按键,打开遥控器;短按一次,再长按飞行器电源按键,打开飞行器	

续表

操作步骤	操作说明	示意图
2	开启移动设备上的地面站软件 APP;点击飞行器设置图标;找到允许切换飞行模式开关并向右滑动打开	
3	通过 APP 界面查看卫星颗数是否在 8 颗以上(①位置);确认后点击 APP 界面一键起飞按键(②位置);在界面中间对话框内向右滑动光标,无人机将离开地面起飞	
4	以精灵 4 无人机遥控器为例。控制模式切换开关切换至 P 挡或 S 挡,均为 GPS 模式,区别是 P 挡稳定一些,S 挡灵活一些;控制模式切换开关切换至 A 挡,为姿态模式 多旋翼无人机由于飞行器静不稳定的问题,一般都没有舵面模式	位置1 P模式(定位) 位置2 S模式(运动) 位置3 A模式(姿态)
5	以御 2 无人机遥控器为例。控制模式切换开关切换至 T 挡或 P 挡或 S 挡,均为 GPS 模式,区别是 P 挡是标准挡位,S 挡灵活一些,T 挡稳定一些 御 2 不但没有舵面模式,连姿态模式也没有	

续表

操作步骤	操作说明	示意图
6	以精灵4无人机遥控器为例。其上还有智能返航按键,当长按按键后,无人机马上进入智能返航模式。该模式是一种特殊的航线模式,无人机会马上自动执行当前点到返航点的航线	

2.7.4　工业级无人机地面站切换操作

操作步骤	操作说明	示意图
1	工业级无人机的地面站软件上,一般也有控制模式切换功能 　　那么当地面站与遥控器的控制模式不一样时,飞机听谁的?答案是听地面站的,地面站具有最高的优先级	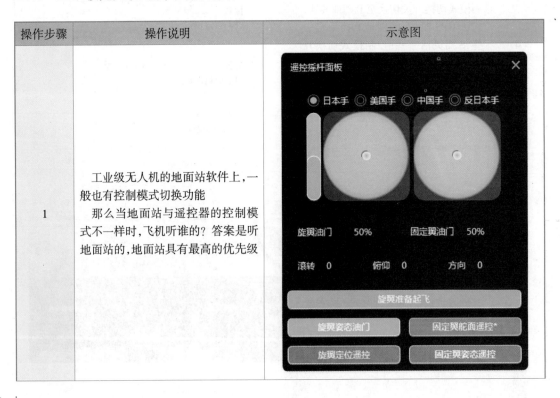

续表

操作步骤	操作说明	示意图
2	在地面站界面上,点击"航线飞行"图标;无人机将进入航线模式飞行	飞机定位　航线飞行　自动起飞
3	在地面站界面上,点击"手动控制"图标;无人机将退出航线模式,进入预设的手动模式 旋翼无人机预设的手动模式一般为姿态模式 固定翼无人机预设的手动模式一般为舵面模式	直接返航　原路返航　手动控制　紧急停机
4	地面站上的返航图标是一个可以救命的图标 无人机在任意控制模式下,点击地面站上返航图标;无人机都将进入自动回航的航线模式 如在姿态、舵面模式下失控,就可以用返航模式保证飞机安全	直接返航　原路返航　手动控制
5	地面站上有时还有"紧急停机"图标,仅限于特殊情况下使用,可将无人机切换到停机状态 切入这种模式,民用无人机动力将停止输出,避免或减小危害的发生;军用无人机将自动破坏或坠毁,避免被敌方俘获	直接返航　原路返航　手动控制　紧急停机

任务考核 ▶▶▶

1. 笔试考核(5 分钟)

个人在规定时间内完成 2 道问答题。

(1) 无人机有哪些情况需要立即切换至手动操作(舵面遥控或姿态遥控)?

(2) 遥控器切换与地面站切换打架,无人机会怎么样?

2. 实践考核(30 分钟)

个人在规定时间内,在外场飞行场地,在实机上完成无人机控制模式切换操作。

(1) 准备器材:教具无人机、遥控器、地面站及其他飞行支持设备。

(2) 进行分组:10 人为 1 组,2 分钟 1 人,依次进行实践操作。

(3) 考核要求:听指挥,安全有序进行操作感受;顺利完成航线切换操作。

3. 课后要求

在遥控器上,完成遥控器通道设置和行程设置操作,拍摄视频。发至代课老师处。

任务 2.8　无人机任务作业操作

随着技术的发展,无人机能够进行的任务越来越多。但常规航线超视距作业以及 FPV 超视距作业,仍然是多数任务作业的基本方法。为顺利掌握这两项技能,需要了解常规超视距驾驶模式、FPV 超视距驾驶模式、不同类型任务作业的基本航线等相关知识,熟悉作业区域的检查操作,熟悉航拍、植保、巡检等不同任务的基本操作等。

知识准备 >>>

2.8.1　FPV 是一种特殊的超视距驾驶模式

眼睛不看无人机的飞行就是超视距飞行。

常规超视距飞行时,我们用眼睛看着地面站电子地图上的无人机图标,用鼠标、键盘等指挥飞行,但这种飞行方式在执行某些飞行任务时显得不够灵活。在这时,就可以使用 FPV 超视距模式来直接驾驶飞机,看着摄像头图像,用摇杆来快速操纵,如图 2-23 所示。要注意的是 FPV 只是一种驾驶模式,此时无人机本身的控制模式还是 GPS 模式或姿态模式。

FPV 是英文 First Person View 的缩写,即"第一人称视角"。那么,什么任务中会使用 FPV 模式呢?军用来讲,当美军使用捕食者无人机发射导弹打击敌对游击队车辆时,为了让无人机航向和导弹导引头时刻对准不断拐弯的车辆,就得使用 FPV 模式。民用来讲,要用消费级航拍无人机给一艘航行中的游艇拍摄广告,也得使用 FPV 模式。总之,当任务航线很随机,不好提前规划,或需要锁定跟随目标时,都常会使用 FPV 模式。

2.8.2　各类任务作业基本航线

1. 测绘

测绘任务一般使用常规超视距模式飞行。作业前,在勘测地形后,选择任务多边形区域,自动生成扫描航线;作业中,无人机以航线模式自主飞行,驾驶员主要负责监视;作业后,下载机载照片,进行拼图,如图 2-24 所示。

图 2-23　FPV 超视距模式与普通超视距模式

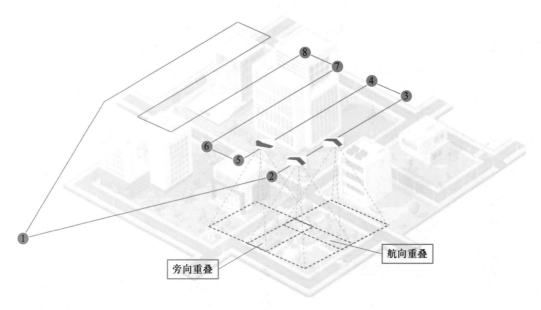

图 2-24　测绘作业基本航线

2. 植保

植保任务一般也使用常规超视距模式飞行。作业前,在勘测农田后,选择任务多边形区域,自动生成扫描航线;作业中,无人机以航线模式自主飞行,驾驶员主要负责监视;作业后,加注药剂,更换电池,进行下一个起落,如图 2-25 所示。

3. 航拍

航拍任务一般使用 FPV 超视距模式飞行。作业前,构思好镜头,心中计划好准备飞行的自由航线;作业中,驾驶员通过视频监控器或视频眼镜观察,摇杆控制,以 FPV 模式飞行;作业后,下载并剪辑视频,如图 2-26 所示。环绕与跟踪都是非常常见的航拍自由航线,近年来,随着计算机视觉技术的进步,很多无人机都能够自动进行环绕与跟踪飞行。

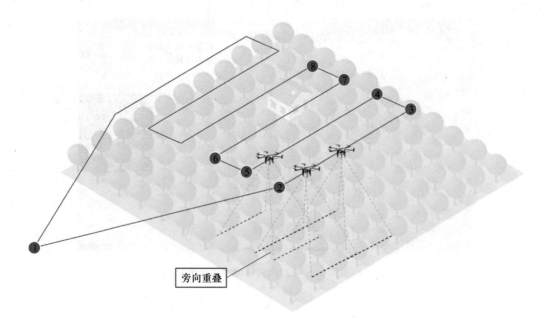

图 2-25　植保作业基本航线

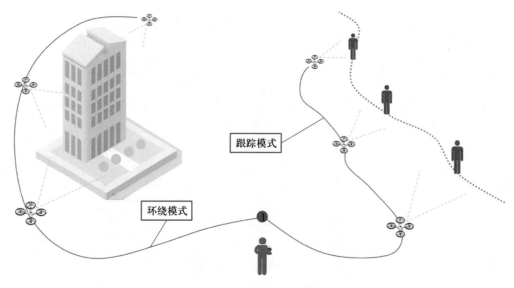

图 2-26　航拍作业基本航线

4. 线状目标巡检

公路、输油管、输电线路等线状目标的巡检任务,一般也使用常规超视距模式飞行。作业前,在地图上查看高程后,沿线状目标拐弯处点击航点,手动生成航线;作业中,无人机以航线模式自主飞行,驾驶员主要负责监视;作业后,下载机载照片,进行拼图,或下载视频检查,如图 2-27 所示。

5. 点状重点目标巡检

点状重点目标巡检任务一般使用 FPV 超视距模式飞行。作业前,根据需要重点检查的细节都有哪些,规划好环绕飞行的路线;作业中,驾驶员通过视频监控器或视频眼镜观察,摇杆控制,以 FPV 模式飞行;作业后,下载并存储照片与视频,作为记录,如图 2-28 所示。巡检与航拍的目的不同。巡检重要的是发现问题,并留取证据,所以飞行中随时会悬停,进行重点观察;航拍重要的是拍出好的镜头,画面要流畅,所以飞行也要流畅。

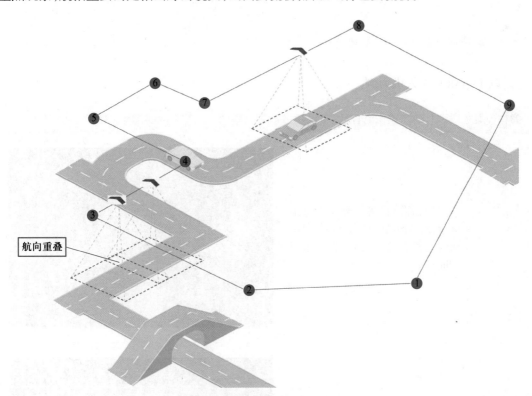

图 2-27　线状目标巡检基本航线

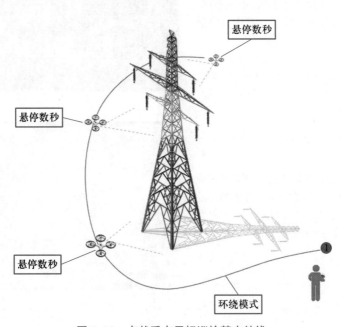

图 2-28　点状重点目标巡检基本航线

📠 任务实施 >>>

2.8.3　常规超视距植保作业操作

以 **TTAM6E** 无人机为例。

操作步骤	操作说明	示意图
1	遥控器开机;多旋翼无人机上电;点击地面站软件右上角信号图标与遥控器连接,连接方式选择"Bluetooth(蓝牙)"	
2	在地面站软件上点击航线编辑;在右侧选择新建航线、本地航线、在线航线进行编辑。其中在线航线需要登录	
3	输入航线名称;点击添加作业区;规划作业范围,点击添加作业区角点,长按可以移动点,注意角点要按照顺序进行添加	

续表

操作步骤	操作说明	示意图
4	根据场地情况,标记禁飞区以及障碍物。标记方法与作业方式相同	
5	点击航线生成;系统自动规划航线并避开禁飞区;根据作物调节航线间距,航线间距与作业高度和多旋翼无人机的尺寸有关	
6	在多旋翼无人机未起飞状态下,还可以进行简单的调试。可以设置断药保护措施、低电量保护和低电量电压、返航高度、磁罗盘校准等操作。在进行参数修改时需要先读取数据才能修改,修改参数后需要对多旋翼进行重新上电	
7	将遥控器控制模式切换开关置于 GPS 模式下;遥控多旋翼离地;此时,将遥控器控制模式切换开关切换至航线模式,多旋翼无人机将自动执行航线,开始撒药	

2.8.4　FPV 超视距塔架巡检操作

操作步骤	操作说明	示意图
1	准备并连接好机与站;确保视频眼镜或监视屏上的视频清晰、流畅	
2	将遥控器控制模式切换开关置于GPS模式下;解锁;起飞后飞行至与铁塔顶部平齐高度;拍摄全塔图片,目标物在照片中心位置	
3	接近电塔;降低高度;拍摄电塔地基以及杆塔号(塔牌)等信息	
4	多旋翼无人机上升;调整镜头拍摄靠下方的绝缘子串以及绝缘子串上下挂点;拍摄完成后,依次对上方的另外两个绝缘子串进行同样拍摄	

续表

操作步骤	操作说明	示意图
5	飞至电塔顶端高度;镜头对焦至地线主体;在该位置拍摄远地线图,并放大拍摄地线挂点	
6	多旋翼无人机继续上升;超过铁塔 10 m 后跨越电塔;拍摄另一侧地线以及绝缘子串,拍摄顺序自上而下	
7	操纵多旋翼无人机降落;落地后检查图片是否有过曝、对焦不清晰、主体不正等问题;检查完成后对照片进行排序、存储	

任务考核 >>>

1. 笔试考核(5 分钟)

个人在规定时间内完成 2 道问答题。

(1) 为什么要进行作业区域检查?

(2) 航拍超视距作业和测绘超视距作业都有哪些不同?

2. 实践考核(30 分钟)

个人在规定时间内,在外场飞行场地,在实机上完成对某个目标塔架(也可以用其他高大物体模拟塔架)的巡检作业。

(1) 准备器材:教具多旋翼无人机、云台载荷、遥控器、地面站及风速仪、步话机等飞行支持设备。

(2) 进行分组:5 人为 1 组,4 分钟 1 人,依次进行实践操作。

(3) 考核要求:听指挥,有序进行操作感受;顺利完成巡检作业;下载并上交航拍照片或视频(要求每人上交 5 张不同角度的产品)。

3. 课后要求

代课老师下发一片农田区域的经纬度。同学们以小组为单位,使用地面站软件,预规划出植保航线,截屏,上交代课老师。

任务 2.9 无人机飞行状态的监视与控制操作

无人机是不会说话的,超视距飞行中,飞行的状态必须通过数据的形式,表现在地面站软件界面上。我们作为地面的控制人员,也必须快速、准确地认知这些数据,以判别无人机的飞行状态,及时进行人工干预。为顺利掌握这一技能,需要了解无人机地面站的基本功能、地面站监控的主要内容等相关知识,熟悉不同类型无人机飞行状态监控的基本操作。

知识准备 >>>

2.9.1 地面站的基本功能

一套工业级无人机地面站,硬件部分一般包含地面站计算机(大到机柜,小到手机或 ipad)、遥控器、各类其他显示屏,数传地面模块、图传地面模块等;地面站软件部分最主要指的就是飞控地面站软件,有些系统还有专用的任务地面软件(比如用于野外测绘的后期拼图软件)。

这么多硬件和软件,我们会从概念上把它们分成两大类,所有跟"飞机向地面传递信息"有关的,可归入遥测子系统(监视);所有跟"地面向飞机传递信息"有关的,可归入遥控子系统(操纵)。遥测、遥控加起来就是测控,所以西安卫星测控中心和远望 5 号测量船可以说成是神舟飞船的地面站,如图 2-29 所示。

超视距飞行,无人机基本是自己在飞。飞行时,首先,要通过地面站,监视无人机在地图上的飞行轨迹、速度、高度、电压、搜星数、摄像头拍到的视频等数据;其次,要思考这些数据是否正常,是否影响飞行安全,是否影响任务执行,是否需要人工干预操作等;再次,如果需要人工干预,可通过鼠标、键盘、摇杆、开关等发送控制指令,如果不需要人工干预,我们继续看着就行。

2.9.2 地面站上的监控内容

超视距飞行时,我们在地面上和无人机的这些互动,主要通过地面站软件界面来实现,如图 2-30 所示。地面站软件的主要功能是监视和控制,还可用于飞行前的航线预规划,以及飞行后的数据回放与分析。

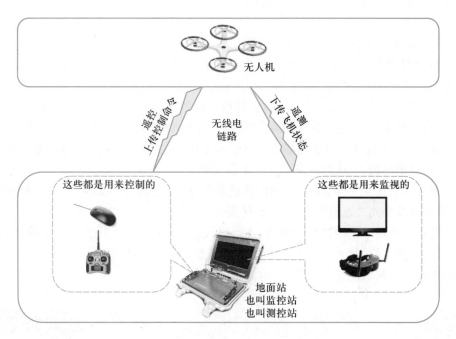

图 2-29　遥测与遥控是地面站的基本功能

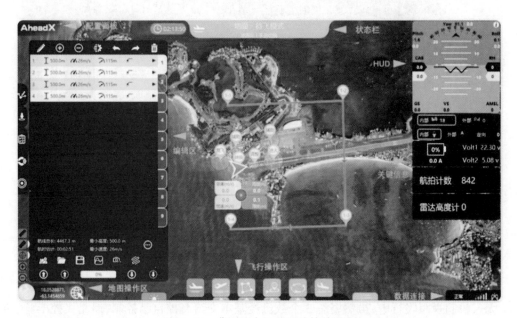

图 2-30　典型无人机地面站软件界面

本节将主要介绍地面站软件的监视与控制功能。

无人机飞行时需要监控的数据很多,为了防止我们手忙脚乱,无人机厂家会在《无人机飞行手册》正常操作程序中,提供"起飞、巡航、着陆前操作检查单",我们按照该检查单中的要求按顺序和频率进行数据的检查与对应操作即可。

需要重点监控的数据主要有以下几部分。

1. 无人机位置相关数据

飞行就是改变姿态 3 个数和位置 3 个数。

无人机超视距飞行中,姿态 3 个数基本已交给飞控自己控制。所以更需要人为监控的是无人机位置的 3 个数:经度(longitude)、纬度(latitude)、高度(altitude)。

地面站软件上,为了方便人们观察,会将位置参数图形化显示。计划飞行的每个经度、纬度、高度称为航点,航点连出的折线称为航线。而无人机实际飞出来的经度、纬度、高度是连续的曲线,称之为航迹。当航迹基本沿着航线走时,无人机没有问题;当航迹严重偏离航线时,无人机就出问题了,这时就需要人工干预控制了。

速度属于位置的衍生量,位置变化的快慢就是速度。固定翼无人机飞行中要时刻关注速度,以防止速度小到失速速度以下,造成坠毁。

GPS 搜星数也是一个位置相关参数,飞行中,这个数越大,无人机位置越准确,这个数过小,无人机将不能定位,此时如果不人工干预,无人机将飞丢或坠毁。

无人机位置相关数据如图 2-31 所示。

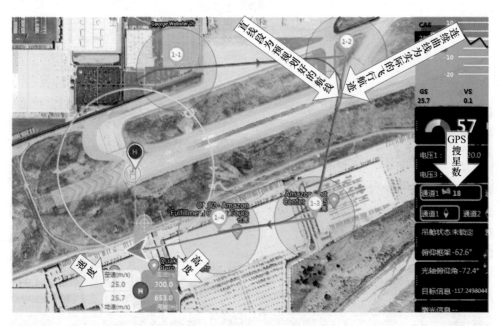

图 2-31 无人机位置相关数据

2. 无人机姿态相关数据

无人机超视距飞行中,虽然姿态 3 个数已经基本交给飞控自己控制,但是飞控毕竟没有那么高的智能,姿态还需要人的监控。

传统有人机最重要的仪表就是姿态仪,我们在无人机地面站软件界面上,也会仿照这种方式做出一个姿态仪,来图形化地显示姿态数据。浅色的是天空,深色的是地面,中间的 W

图标是无人机。无人机与天地线的关系,就形象地显示出了滚转角、俯仰角、偏航角。无人机的这 3 个姿态角如果都在一定安全范围内,那无人机没有问题;当姿态角超出限制时,无人机就出问题了,这时就需要人工干预控制了。

无人机姿态相关数据如图 2-32 所示。

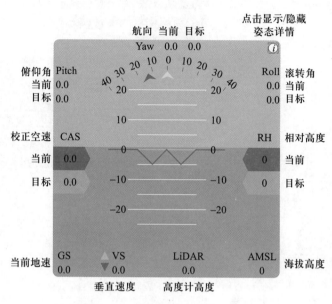

图 2-32　地面站界面上的姿态仪

3. 无人机控制模式相关数据

无人机是人和飞控一起合作控制的。合作时,由谁控制姿态,由谁控制位置,这就控制模式的问题。

即使在一个控制模式下,无人机也可能是遥控器在操纵,也可能是地面站在操纵,这就是控制权的问题。

此外,无人机在一个起落中,有不同的飞行阶段,每个阶段会有不同的控制律(此部分内容将在高级教材中讲述)。

控制模式、控制权、飞行阶段,这些都是无人机最重要的控制状态。控制状态都不清楚,势必会坠毁。所以地面站软件上,会在显眼的位置标明无人机的当前控制状态;同时地面站软件上会设计明显的控制状态切换按钮,以备在出现危险时,迅速切换,保护无人机。

无人机控制模式相关数据如图 2-33 所示。

4. 无人机动力能源相关数据

为什么我们老觉得汽车和船比飞机安全呢？一个关键的原因是,汽车和船熄火和停电一般不会造成人员伤亡。

这就是无人机地面站软件界面上,一定得有动力能源相关数据的原因。转速显示了发动机或电动机的当前运转状态,停没停车。电动无人机的"电压 1"一般显示了动力电池的电压,可以推算出还能飞多长时间;油动无人机的"电压 1"一般会改成"剩余油量",也用来推算还能飞多长时间。"电压 2"一般显示的是机载设备电压,观察设备供电是否正常,飞控

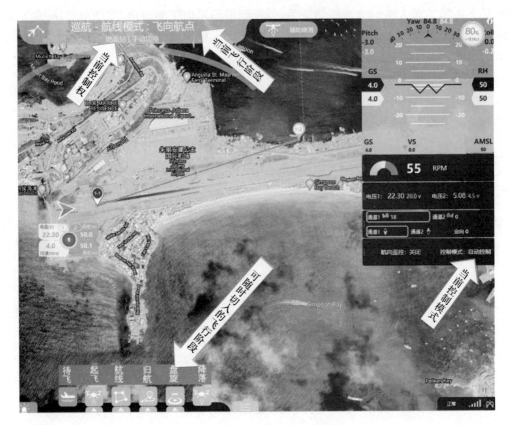

图 2-33　无人机控制模式相关数据

断电就死定了,链路断电基本半死。

以油动固定翼无人机为例,当转速变为"0",代表发动机熄火。看得见无人机时,要果断切到遥控,人工迫降;看不见无人机时只能开伞,确保安全。因为今天的飞控还很笨,它并不会像人一样进行固定翼的迫降。

以电动多旋翼无人机为例,当"电压 1"降到某个危险电压以下,代表动力电不多了。如果直线距离能飞回来,果断切换至一键返航。如果直线距离飞不回来,只能在不知道地形的前提下,野外盲降,之后再去寻找无人机。

无人机动力能源相关数据如图 2-34 所示。

5. 无人机链路信号相关数据

飞无人机是用无线电在放风筝。链路就是风筝线。线不能断,很重要。

民用无人机出于成本原因,一般不会像军用无人机一样安装 1 条昂贵的宽带数字链路,而会用几条便宜的链路合作工作来代替。最典型的就是 1 条上行遥控链路,加上 1 条上下行数传链路。航拍类无人机还会再加上 1 条下行图传链路。

一般地面站软件界面的显著位置,都会有专用图标用来显示这几条链路工作状态是否正常。

无人机链路信号相关数据如图 2-35 所示。

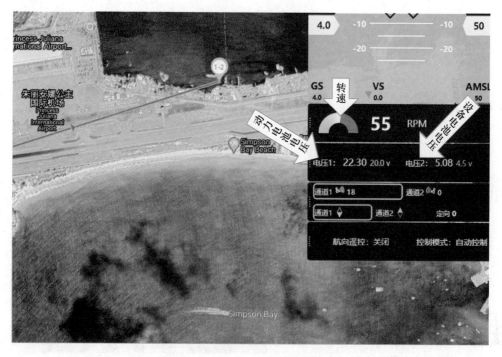

图 2-34 无人机动力能源相关数据

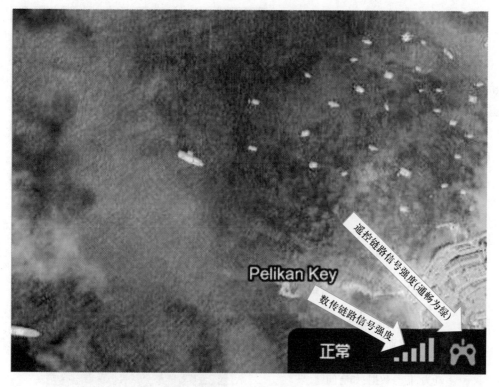

图 2-35 无人机链路信号相关数据

⊟ 任务实施 >>>

2.9.3　多旋翼无人机飞行状态监控操作

以某型飞控及其地面站软件为例。

操作步骤	操作说明	示意图
1	待飞(地面)阶段: 　　在起飞前(或降落后),连续点击四下待飞按钮;切换飞行阶段为待飞阶段;在该阶段下,所有电动机均锁定无法旋转 　　循环检查地面站软件界面位置、姿态、模式、动力、信号等数据;确认均在正常范围内;多旋翼无人机准备好起飞(再次起飞)	
2	起飞阶段: 　　起飞时,双击起飞按钮;切换飞行阶段为起飞阶段;多旋翼无人机起飞;爬升到设定高度进行悬停待命 　　起飞过程中,循环检查地面站软件界面位置、姿态、模式、动力、信号等数据;重点关注位置、动力数据;如有问题,果断自动或手动迫降	
3	航线阶段: 　　悬停待命时,单击航线按钮下方蓝色三角;呼出航线二级菜单;输入要前往的航线、航点;点击立即执行;多旋翼无人机进入任务航线 　　航线飞行中,循环检查地面站软件界面位置、姿态、模式、动力、信号等数据;重点关注动力、信号数据;如有问题,果断切入归航阶段	

续表

操作步骤	操作说明	示意图
4	归航(返航)阶段: 　　多旋翼无人机在除待飞、起飞阶段外的任何阶段时,双击返航按钮;都将进入返航阶段;多旋翼无人机将直接飞回返航点悬停 　　返航阶段按钮常用来在超视距飞行故障时拯救无人机。返航模式的数据一般在起飞前预设好 　　返航中,循环检查地面站软件界面位置、姿态、模式、动力、信号等数据;重点关注动力数据;如有问题,果断场外迫降	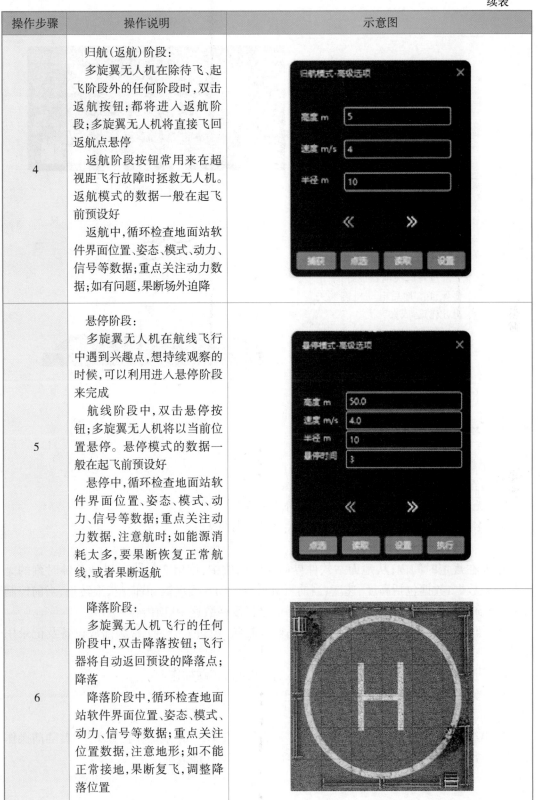
5	悬停阶段: 　　多旋翼无人机在航线飞行中遇到兴趣点,想持续观察的时候,可以利用进入悬停阶段来完成 　　航线阶段中,双击悬停按钮;多旋翼无人机将以当前位置悬停。悬停模式的数据一般在起飞前预设好 　　悬停中,循环检查地面站软件界面位置、姿态、模式、动力、信号等数据;重点关注动力数据,注意航时;如能源消耗太多,要果断恢复正常航线,或者果断返航	
6	降落阶段: 　　多旋翼无人机飞行的任何阶段中,双击降落按钮;飞行器将自动返回预设的降落点;降落 　　降落阶段中,循环检查地面站软件界面位置、姿态、模式、动力、信号等数据;重点关注位置数据,注意地形;如不能正常接地,果断复飞,调整降落位置	

续表

操作步骤	操作说明	示意图
7	应急阶段： 在除待飞阶段外的任何阶段，连续点击四下应急按钮；多旋翼无人机都将进入应急阶段；直接在当前位置迫降(一种典型的应急方式) 应急阶段按钮常用来在电力不足或其他严重故障时拯救多旋翼无人机。应急模式不同于正常回收，机体下方场地条件未知，多旋翼多少会有一定损坏。应急模式的数据一般也在起飞前预设好，一定要保证落地后电动机能够关机，以防造成火灾 应急阶段中，重点关注落地后的位置数据；方便找无人机	

任务考核 ▶▶▶

1. 笔试考核(5 分钟)

个人在规定时间内完成 2 道问答题。

(1) 无人机地面站上重点监控的数据分为哪几类？

(2) 多旋翼无人机归航阶段重点需要关注什么数据？

2. 实践考核(15 分钟)

个人在规定时间内，从地面站软件界面视频回放中，读出 2 分钟时刻、4 分钟时刻的无人机相关数据，数据包括高度、速度、当前目标航点、GPS 搜星数、航向角、滚转角、当前控制模式、当前控制权、动力电池电压、数传链路信号强度格数这 10 项内容。

(1) 准备器材：电动无人机飞行地面站监控视频(超过 6 分钟)、视频播放设备及记录用纸笔等。

(2) 进行分组：1 人为 1 组，15 分钟 1 人，依次进行实践操作。

(3) 考核要求：独立、正确地进行数据记录。

3. 课后要求

以小组为单位，起草教具无人机的"起飞操作检查单""巡航操作检查单""着陆前操作检查单"，每个检查单中监控操作不少于 5 项，下节课交代课老师。

任务 2.10　无人机航线重规划操作

超视距作业时,面对各种可能出现的状况,为了保证飞行安全与任务顺利,必须时刻准备随时调整飞行器。为顺利掌握这一技能,需要了解无人机的正常操作程序、应急操作程序、航线重规划的重要性等相关知识,熟悉重规划中的航点操作、航线操作、指点飞行操作的基本步骤。

知识准备 >>>

2.10.1　无人机正常与应急操作程序

无人机系统的全部操作很多很多,专业的无人机系统都有自己的《飞行手册》,也就是使用说明书,把相关操作全部写在上面。

但是《飞行手册》有很多页、很多字,飞行中找起内容来不方便。所以实际作业中会把飞行手册简化成一张张的、简单的、字少的卡片,称为检查单。飞行作业时,按照检查单顺序一项项操作完,画勾,就能完成无人机的基本飞行,如图 2-36 所示。

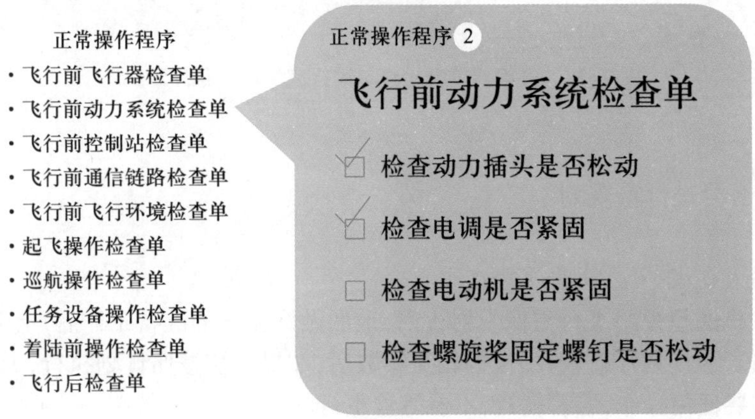

正常操作程序
· 飞行前飞行器检查单
· 飞行前动力系统检查单
· 飞行前控制站检查单
· 飞行前通信链路检查单
· 飞行前飞行环境检查单
· 起飞操作检查单
· 巡航操作检查单
· 任务设备操作检查单
· 着陆前操作检查单
· 飞行后检查单

正常操作程序 ②

飞行前动力系统检查单

☑ 检查动力插头是否松动

☑ 检查电调是否紧固

☐ 检查电动机是否紧固

☐ 检查螺旋桨固定螺钉是否松动

图 2-36　多旋翼依据检查单进行正常操作程序示例

检查单通常分为 3 种颜色。蓝色的为正常操作程序检查单,黄色、红色的为应急操作程序检查单。其中黄色代表无人机遇到了紧急情况,比较严重,需要尽快按照检查单操作,以避免发生事故;红色代表无人机遇到了危急情况,非常严重,需要立即、马上按照检查单操作,以避免发生事故。两者示例如图 2-37 所示。

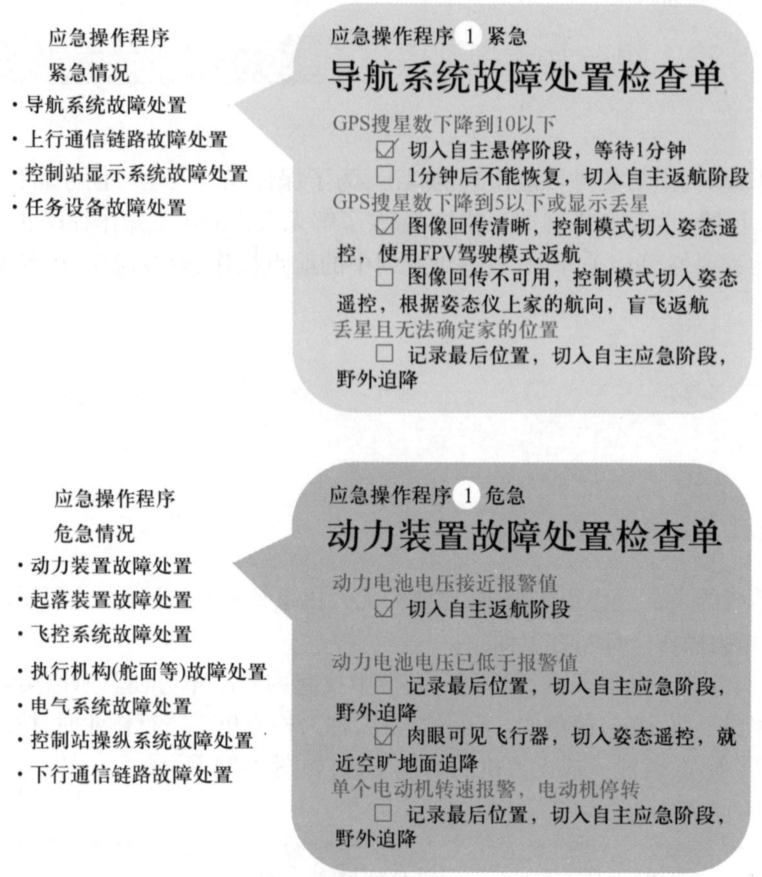

应急操作程序
紧急情况
· 导航系统故障处置
· 上行通信链路故障处置
· 控制站显示系统故障处置
· 任务设备故障处置

应急操作程序 ❶ 紧急
导航系统故障处置检查单
GPS搜星数下降到10以下
　　☑ 切入自主悬停阶段,等待1分钟
　　☐ 1分钟后不能恢复,切入自主返航阶段
GPS搜星数下降到5以下或显示丢星
　　☑ 图像回传清晰,控制模式切入姿态遥控,使用FPV驾驶模式返航
　　☐ 图像回传不可用,控制模式切入姿态遥控,根据姿态仪上家的航向,盲飞返航
丢星且无法确定家的位置
　　☐ 记录最后位置,切入自主应急阶段,野外迫降

应急操作程序
危急情况
· 动力装置故障处置
· 起落装置故障处置
· 飞控系统故障处置
· 执行机构(舵面等)故障处置
· 电气系统故障处置
· 控制站操纵系统故障处置
· 下行通信链路故障处置

应急操作程序 ❶ 危急
动力装置故障处置检查单
动力电池电压接近报警值
　　☑ 切入自主返航阶段

动力电池电压已低于报警值
　　☐ 记录最后位置,切入自主应急阶段,野外迫降
　　☑ 肉眼可见飞行器,切入姿态遥控,就近空旷地面迫降
单个电动机转速报警,电动机停转
　　☐ 记录最后位置,切入自主应急阶段,野外迫降

图 2-37　多旋翼依据检查单进行应急操作程序示例

2.10.2　为什么要进行重规划

有人机是人在飞,无人机是飞控在飞。

所以无人机的超视距飞行更像发射火箭,地面做好充分的准备工作后,上天后的操作反而会变得简单。预规划好航线,预设好相关参数后,如果一切按照计划执行,无人机上天后,我们可能不需要任何操作,看着就行,不看等着也行。

但是,实际的超视距作业,往往会出现各种各样的情况,如图 2-38 所示,致使飞行无法按原计划执行。此时,我们就需要进行重规划操作,也就是根据实际情况,更改航线、参数、模式等飞行状态。

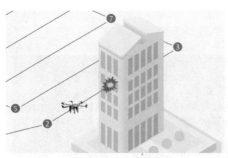

(a) 预设航线、参数有误

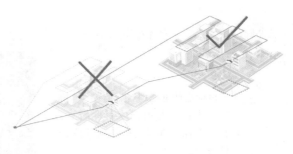

(b) 任务目标发生变化

(c) 气象、空域等外在条件发生变化

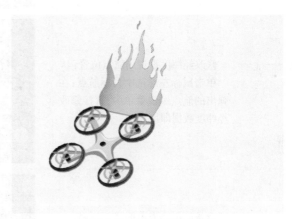

(d) 无人机出现危急或紧急情况

图 2-38　重规划的原因

任务实施 ▶▶▶

2.10.3　重规划部分航点操作

重规划中,当只需要改变部分航点,而不改变整个航线时,直接修改航点即可。

操作步骤	操作说明	示意图
1	点击"暂停飞行"按钮;多旋翼无人机将进入悬停阶段,等待下一步指令;开始修改未飞行的剩余航点的数据	自动起飞　暂停飞行　继续飞行　降落

续表

操作步骤	操作说明	示意图
2	鼠标拖动重规划航点位置: 单击鼠标左键选中目标航点; 长按鼠标左键将其拖动到新位置即可	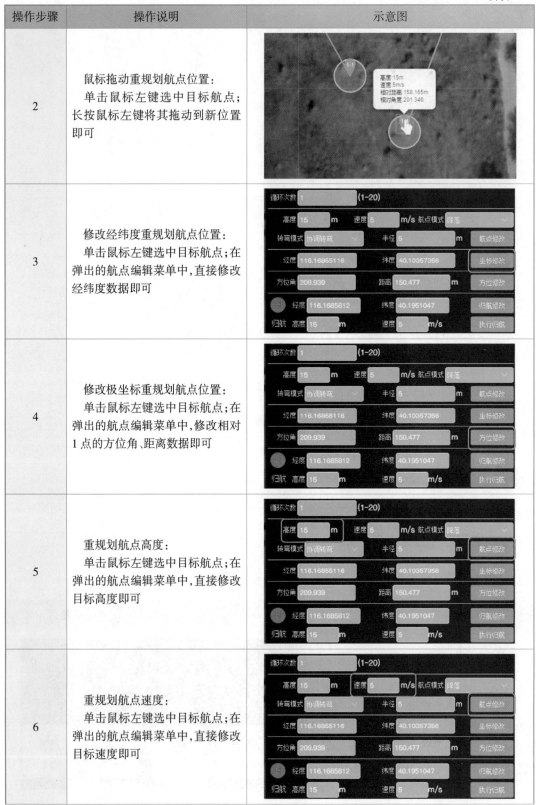
3	修改经纬度重规划航点位置: 单击鼠标左键选中目标航点;在弹出的航点编辑菜单中,直接修改经纬度数据即可	
4	修改极坐标重规划航点位置: 单击鼠标左键选中目标航点;在弹出的航点编辑菜单中,修改相对1点的方位角、距离数据即可	
5	重规划航点高度: 单击鼠标左键选中目标航点;在弹出的航点编辑菜单中,直接修改目标高度即可	
6	重规划航点速度: 单击鼠标左键选中目标航点;在弹出的航点编辑菜单中,直接修改目标速度即可	

续表

操作步骤	操作说明	示意图
7	增加航点： 点击弹出的航点编辑菜单上的"添加航点"按钮（小加号）；待主页上方提示操作成功后，鼠标左键点击地图即可添加航点	
8	删除航点： 在弹出的航点编辑菜单上，框选要删除的航点；选中后点击最下方的"删除航点"按钮（垃圾桶），即可删除航点	
9	上传重规划指令： 在地面站软件界面上重规划的航点数据只存在于地面站计算机上，必须通过链路上传给飞控才能使用 航点数据修改后；点击航点编辑菜单上的"上传航点"按钮；将重规划指令上传至飞控；此时再点击"继续飞行"按钮，多旋翼无人机将重新进入航线阶段，并沿航线继续飞完修改后的剩余航点	

2.10.4　重规划整个航线操作

重规划中,当改动较大时,需要修改整个航线。

操作步骤	操作说明	示意图
1	点击"暂停飞行"按钮;多旋翼无人机将进入悬停阶段,等待下一步指令;开始重规划整个航线的操作	
2	如果原有航线只是要进行位置调整,那么可以不删除原有航线 打开航线编辑菜单;使用旋转、平移功能,微调当前航线的位置和角度即可	
3	如果原有航线完全不能使用,那么需要先删除原有航线 在弹出的航点编辑菜单上,选择所有航点;选中后点击最下方的"删除航点"按钮,即可删除原有航线	
4	新航线可以完全重新规划 按照之前章节中的无人机航线预规划操作执行	

续表

操作步骤	操作说明	示意图
5	新航线也可以直接从计算机存储的航线库中加载 　打开航线列表;刷新地面站计算机中先前保存的航线;点击使用,加载想要飞行的航线	航线列表 航线名　　　搜索 航线名　　　创建时间　　　操作 任务A主航线　2020-03-28 20:29:36　使用 删除 任务A备用航线　2020-03-28 20:29:19　使用 删除
6	上传重规划指令: 　在地面站软件界面上重规划的航线数据只存在于地面站计算机上,必须通过链路上传给飞控才能使用 　航线数据修改后;点击航点编辑菜单上的"上传航点"按钮;将重规划指令上传至飞控;此时再点击"继续飞行"按钮;多旋翼无人机将开始按照新航线飞行	经度 116.16855116　纬度 40.19357356　坐标修改 方位角 209.939　距离 150.477 m　方位修改 经度 116.1685612　纬度 40.1951047　归航修改 归航 高度 15 m　速度 5 m/s　执行归航 上传航点 自动起飞　暂停飞行　继续飞行　降落

2.10.5　临时指点飞行操作

　　实际作业中,如果并不想改变原有航点与航线,只是想让无人机临时飞到某处,飞完后再回到原有航线,这时就可以重规划临时航点来完成此种功能。临时指点飞行的操作类似于一种点击屏幕的遥控飞行。

操作步骤	操作说明	示意图
1	临时航点功能使用方便,并且不影响原航点与航线	
2	点击"暂停飞行"按钮;多旋翼无人机将进入悬停阶段,等待下一步指令;开始重规划临时航点 很多飞控执行临时航点指令时,并不需要暂停飞行,那样效率更高	
3	点击"指点飞行"按钮;打开指点飞行菜单	
4	点击"进入指点飞行模式"按钮;在电子地图上点击,选择临时航点位置;在指点飞行菜单中,修改高度、速度、半径、等待时间、超时动作等参数	
5	参数设置完毕后,点击"开始执行"按钮;无人机将飞往临时航点 完成临时航点所有动作后,无人机将自动返回原航线	

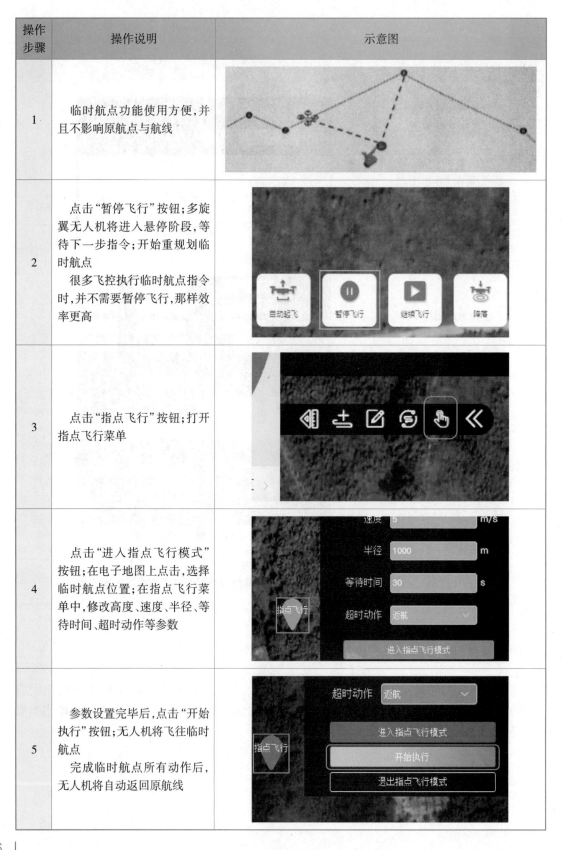

任务考核 ▶▶▶

1. 笔试考核(5 分钟)

个人在规定时间内完成 2 道问答题。

(1) 无人机的应急操作程序都有哪些?

(2) 无人机重规划单个航点高度的操作,分为哪几个步骤?

2. 实践考核(30 分钟)

个人在规定时间内,在外场飞行场地,在地面站上完成飞行中无人机的航线重规划操作。

(1) 准备器材:教具多旋翼无人机、遥控器、地面站等飞行支持设备。

(2) 进行分组:3 人为 1 组,5 分钟 1 组,依次进行实践操作。

(3) 考核要求:顺利完成航线重规划操作。

3. 课后要求

以小组为单位,起草教具无人机应急操作程序中的《动力装置故障处置检查单》(危急)、《控制站显示系统故障处置检查单》(紧急),每个检查单中故障及其对应操作,不少于 3 项,下节课交代课老师。

项目 3

无人机驾驶(中级)日常维护

项目描述

1. 证书技能要求

职业技能等级标准描述——无人机系统日常维护部分见表 3-1。

表 3-1 职业技能等级标准描述——无人机系统日常维护部分

工作任务	职业技能
无人机的日常检查	• 能按照操作规范对无人机进行回收与装箱 • 能遵照系统维保手册完成对机体各紧固件及旋翼(或螺旋桨)的检查与更换 • 能遵照系统维保手册完成无人机机体的清洁与机械部件润滑
动力装置日常检查与维护	• 能按照维保要求,完成化油器滤网的定期清洗 • 能按照维保要求,完成火花塞的定期更换 • 能完成油箱及供油管路的检查与维护 • 能完成常用油料的配制操作 • 能辨别锂电池的串并联方式 • 能正确完成电池串并联的焊接 • 能按要求正确更改电池的电芯数量

2. 项目引入

"飞行无小事",安全永远是航空的最重要指标。那么如何确保安全地驾驶无人机?做好无人机的日常维护便是非常必要的一点。

"世间万事,皆有因果"。飞行事故都有一个长长的事故链。我们在地面更多地将可能造成事故的因素排除,无人机在天上就会更加安全。

本项目将通过例行检查、飞行前后检查、预防性维护、大修等知识点的学习,通过无人机撤收、预防性维护、无人机清洁、动力系统日常维护的实际操作,系统性地锻炼学员在无人机驾驶——日常维护阶段的技能。

3. 知识、技能分解导图

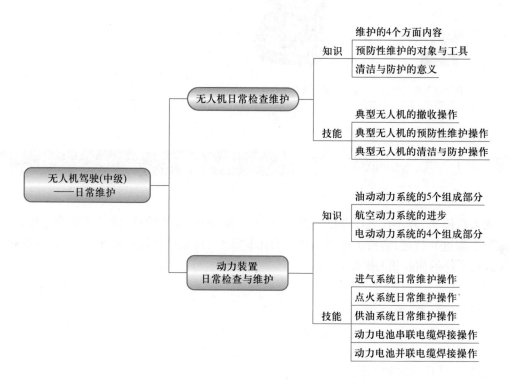

4. 条件准备

教具多旋翼无人机平台	教具固定翼无人机平台	教具无人直升机平台
教具地面站	教具任务载荷	配套设备与工具

续表

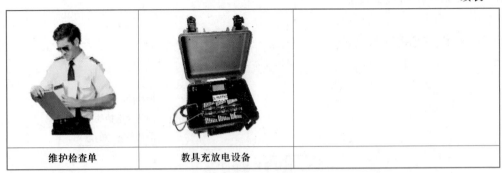

| 维护检查单 | 教具充放电设备 | |

任务 3.1　无人机撤收操作

无人机降落,并不代表作业已经结束,还有数据下载、系统检查、拆卸装箱等工作要做。为顺利掌握这些技能,需要了解无人机日常维护概念、撤收操作流程等相关知识,并熟悉典型无人机系统的撤收相关操作。

知识准备 >>>

3.1.1　无人机日常维护的概念

广义上来讲,无人机系统的保管、检查、维修和更换部件等操作都属于日常维护的范畴。维护就是要保证机、站、链全系统能够持续安全、有效的运行。正规和正确的维护能够确保无人机系统在整个寿命周期内的正常使用。

民用无人机系统的维护可以简单地分成以下 4 个方面内容。

1. 例行检查

例行检查就是每隔一段时间就需要进行的检查,无人机系统需要按照特定时间间隔来进行这种状态检查。间隔时间主要根据无人机厂家的建议,比如有些无人机每个月需要至少检查一次,而有些无人机每飞行 10 小时需要检查一次。

例行检查的目的是看看无人机整个系统状态是否良好。例行检查一般由保管人员完成。例行检查的重点一般针对无人机整体,如图 3-1 所示。

2. 飞行前、后检查

在本书之前的章节中已经介绍了飞行前检查、飞行后检查,它们是整个正常操作程序的必要流程,分别在正常操作程序的最前与最后。

飞行前检查的目的是查看无人机马上飞起来,安全不安全。飞行前检查由驾驶员完成。

飞行后检查的目的是查看这个起落有没有造成损坏。飞行后检查也由驾驶员完成。

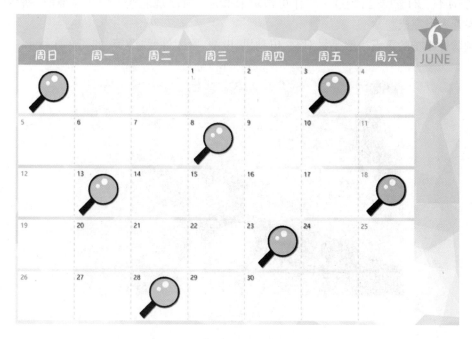

图 3-1　例行检查

飞行前、后检查的重点一般是针对机载设备和重要零部件,如图 3-2 所示。

图 3-2　飞行前、后检查

3. 预防性维护

经过例行检查和飞行前、后检查,会检查到问题。检查到问题就需要处理。小处理称为预防性维护,大处理称为大修。

预防性维护,指简单的、次要的标准零件或设备更换,简单的软件设置等,不涉及复杂的操作,比如换螺钉、换螺旋桨、换插头等。无人机圈子里,狭义上讲的日常维护,指的就是预防性维护。

"预防性"的意思是,经过本操作可预防未来无人机出现危险。预防性维护一般由驾驶员或保管人员完成。

预防性维护的重点一般是针对桨、电动机、电池、紧固件、线缆等,如图 3-3 所示。

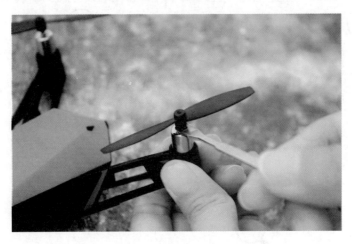

图 3-3　预防性维护

4. 大修

大修包括修理和更换。比如无人机结构或部分重要设备出了问题,修一修可能还能用,这时先修理试试。而如果无人机结构或重要设备出了大问题,没法修了,那就需要更换。

大修的目的是让出了严重问题的无人机尽量恢复到本机初始状态,大修完必须做好记录,写清楚大修完后的本机当前状态,区分原装的和更换的设备。大修一般由厂家或其他专业人员完成。

大修的重点一般是针对无人机结构与重要设备,如图 3-4 所示。

图 3-4　大修

3.1.2　撤收操作的主要内容

撤收工作是无人机飞行的最后一步。我们需要按照《飞行手册》中，正常"操作程序10：飞行后检查单"中所列步骤顺序进行相关操作，如图 3-5 所示。

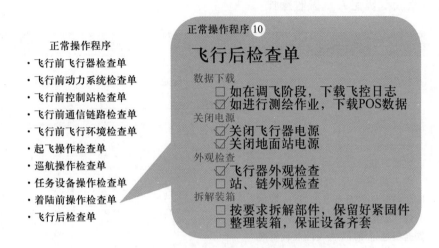

正常操作程序
- 飞行前飞行器检查单
- 飞行前动力系统检查单
- 飞行前控制站检查单
- 飞行前通信链路检查单
- 飞行前飞行环境检查单
- 起飞操作检查单
- 巡航操作检查单
- 任务设备操作检查单
- 着陆前操作检查单
- 飞行后检查单

正常操作程序 ⑩
飞行后检查单

数据下载
☐ 如在调飞阶段，下载飞控日志
☑ 如进行测绘作业，下载POS数据
关闭电源
☑ 关闭飞行器电源
☑ 关闭地面站电源
外观检查
☑ 飞行器外观检查
☐ 站、链外观检查
拆解装箱
☐ 按要求拆解部件，保留好紧固件
☐ 整理装箱，保证设备齐套

图 3-5　依据检查单进行正常撤收操作程序示例

1. 数据下载

无人机着陆后，立即关闭动力系统（发动机、电动机），但不要关闭飞行器和地面站电源。此刻，机载飞控、机载任务设备、地面站，都可能存储着本架次飞行的一些数据。在一些任务中，这些数据是有用的，必须在关机前下载保存到计算机上。

例如在无人机的调试飞行中，可以把机载飞控记录的位置、姿态、模式、舵机电调动作等数据下载到计算机中，进行飞行数据分析，以优化飞控参数设置。

在测绘作业中，需要把 POS 数据，也就是拍每张照片时刻的无人机姿态、位置数据下载下来，才能和所有照片一起实现地图的拼接。

2. 关闭电源

数据下载完成后，要优先关闭无人机电源，之后再关闭地面站电源或遥控器电源，目的是防止误操作或失控保护启动带来危险。

3. 外观检查

根据本次任务作业情况，对机、站、链，主要是机，进行目视检查，检查本起落是否造成损坏。

如果有损坏，马上进行预防性维护。

如果损坏严重，联系厂家或其他专业人员进行大修。

4. 拆解装箱

检查完成后，电动无人机拆卸动力电池，油动无人机抽出剩余油料。进行整机外观清理，除油除尘，密封保护。

较大型的无人机需要将部件拆解，以便装箱携行，要注意不能遗漏紧固件；较小的无人机一般可以整机装箱,但要注意设备齐套,不能遗漏设备。

任务实施 ▶▶▶

3.1.3　工业级固定翼无人机撤收操作

操作步骤	操作说明	示意图
1	数据下载: 　无人机着陆后,关闭发动机;在地面站软件界面上点击"POS 数据下载"按钮;各张照片的位置、姿态数据将通过链路,从飞控下载到地面站计算机上	
2	关闭电源: 　关闭机载电源开关;关闭地面站电源开关;关闭遥控器电源开关	
3	外观检查: 　检查飞行器上紧固件是否有松动迹象;检查较脆弱的结构是否有破损(如桨、翼尖);检查各部件连接处是否有变形与破损	

续表

操作步骤	操作说明	示意图
4	拆解装箱： 首先拆卸螺旋桨,避免在运输过程中出现损伤	
5	拔出机翼连接保险销;从机身上拔出机翼	
6	拔出尾翼连接保险销;从机身上拔出尾翼	
7	将飞机拆解后的各个部件,放入运输箱对应位置;并用绑带进行固定	
8	装箱时,要注意不要碰伤空速管、机载天线等突出结构	

3.1.4　无人直升机撤收操作

无人直升机撤收中的数据下载和关闭电源操作和其他无人机都是类似的,区别在于其复杂的结构,造成拆解装箱操作较为烦琐。

操作步骤	操作说明	示意图
1	拆解装箱: 较小的无人直升机,可以通过折叠旋翼与尾桨,避免拆解结构	
2	较大的无人直升机,为了方便转场与存储,则避免不了会拆卸主要结构	
3	首先要拆卸掉无人直升机主旋翼;拆卸完成后,螺钉安装回原孔位	
4	再拆卸掉尾桨;拆卸完成后,螺钉安装回原孔位	

操作步骤	操作说明	示意图
5	如右图所示,拆卸相应螺钉,将整个尾部与直升机主体分离;拆卸完成后,螺钉安装回原孔位	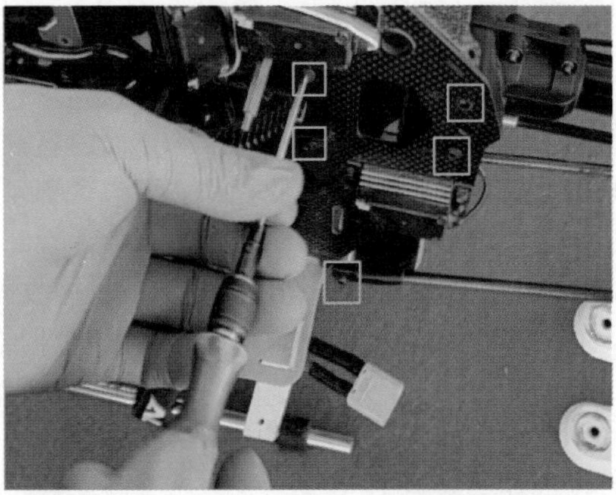
6	拆卸完成后,整理好所有需要装箱的物品(包括结构件、紧固件、设备等)	
7	无人直升机的包装运输箱要进行专门设计,保证储运中的稳固与齐套	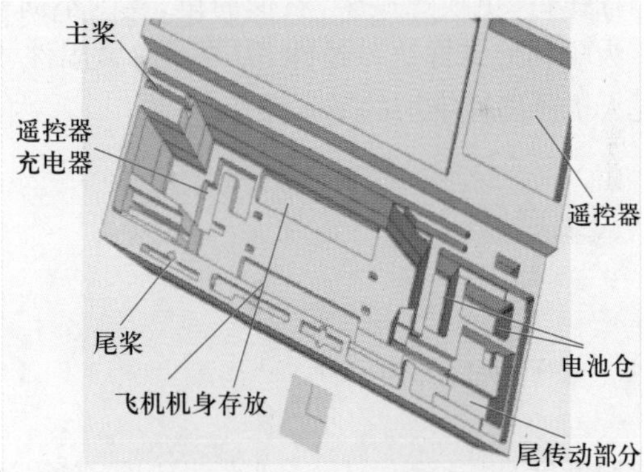
8	将所有零部件、设备等,按对应位置装箱、固定;储运箱中需要填写并留存一张"装箱清单"	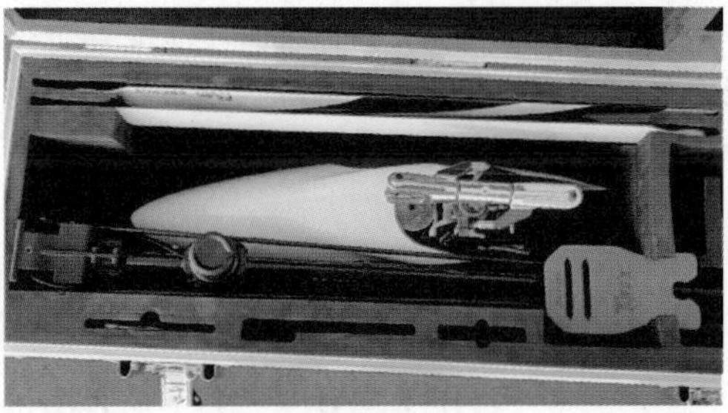

任务考核 ▶▶▶

1. 笔试考核(5 分钟)

个人在规定时间内完成 2 道问答题。

(1) 无人机日常维护包括哪 4 个方面内容?

(2) 作业后无人机的撤收操作主要包含哪 4 个步骤?

2. 实践考核(15 分钟)

分小组在规定时间内完成教具无人机撤收操作的 4 个步骤,并进行相应记录。

(1) 准备器材:机、站、链、储运箱,相应数据线与工具等。

(2) 进行分组:3 人为 1 组,2 人进行实践操作,1 人进行记录。

(3) 考核要求:按流程进行操作;正确完成操作;记录遇到的主要问题,解决方法。

3. 课后要求

以小组为单位,下载教具无人机某个完整起落的飞控数据,并作出高度变化曲线图。发送至代课老师邮箱。

任务 3.2 无人机预防性维护操作

拧螺钉、更换螺旋桨,看似简单,实则不简单,正确地对无人机进行预防性维护非常重要。为顺利地掌握这一技能,需要了解紧固件、螺旋桨及相应专用工具的知识,熟悉各种类型无人机预防性维护的基本操作。

知识准备 ▶▶▶

3.2.1 紧固件的认知

标准件是指结构、尺寸、画法、标记等各个方面已经完全标准化,并由专业厂家生产的常用的零(部)件,如螺纹件、键、销、滚动轴承等。广义包括标准化的紧固件、连接件、传动件、密封件、液压元件、气动元件、轴承、弹簧等机械零件。狭义仅包括标准化紧固件。国内俗称的标准件是标准紧固件的简称,是狭义概念。无人机行业最常用的紧固件通常包括以下 5 类零件,如图 3-6 所示。

岗山头(B头)

平头(K头)

C头

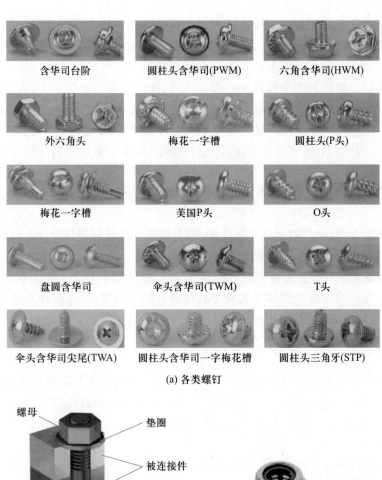

含华司台阶　　　圆柱头含华司(PWM)　　　六角含华司(HWM)

外六角头　　　梅花一字槽　　　圆柱头(P头)

梅花一字槽　　　美国P头　　　O头

盘圆含华司　　　伞头含华司(TWM)　　　T头

伞头含华司尖尾(TWA)　　　圆柱头含华司一字梅花槽　　　圆柱头三角牙(STP)

(a) 各类螺钉

螺母

垫圈

被连接件

螺栓

(b) 螺栓与螺栓连接

(c) 尼龙自锁螺母

(d) 锯齿垫圈

(e) 抽铆钉

图 3-6　各类紧固件

1. 螺栓

由头部和螺杆(带有外螺纹的圆柱体)两部分组成的一类紧固件,需与螺母配合,用于紧固连接两个带有通孔的零件。这种连接形式称螺栓连接。如把螺母从螺栓上旋下,又可以使这两个零件分开,故螺栓连接属于可拆卸连接。螺栓通常比螺钉大一些。

2. 螺钉

也是由头部和螺杆两部分构成的一类紧固件,按用途可以分为三类:机器螺钉、紧定螺钉和特殊用途螺钉。机器螺钉主要用于一个紧定螺纹孔的零件,与一个带有通孔的零件之间的紧固连接,不需要螺母配合(这种连接形式称为螺钉连接,也属于可拆卸连接;其实也可以与螺母配合,用于两个带有通孔的零件之间的紧固连接)。紧定螺钉主要用于固定两个零件之间的相对位置,例如无人机上用的顶丝。特殊用途螺钉有很多,比如我们熟悉的自攻钉。我们平常生活中谈到的螺丝主要指的就是螺钉。螺钉通常比螺栓小一些。

3. 螺母

带有内螺纹孔,形状一般为扁六角柱形,也有扁方柱形或扁圆柱形,配合螺栓、螺柱或机器螺钉,用于紧固连接两个零件,使之成为一件整体。

尼龙自锁螺母是一种新型高抗震防松紧固零件,能应用于温度 -50~100 ℃ 的各种机械、电器产品中。它的抗震防松性能大大高于其他各种防松装置,而且震动寿命要高几倍甚至几十倍。当前机械设备的事故有 80% 以上是由于紧固件的松动而造成的,所以尼龙自锁螺母在无人机上的应用非常广泛。

4. 垫圈

形状呈扁圆环形的一类紧固件,置于螺栓、螺钉或螺母的支撑面与连接零件表面之间,起着增大被连接零件接触表面面积,降低单位面积压力和保护被连接零件表面不被损坏的作用;另一类弹性垫圈,还能起着阻止螺母回松的作用。

5. 铆钉

由头部和钉杆两部分构成的一类紧固件,用于紧固连接两个带通孔的零件(或构件),使之成为一件整体。这种连接形式称为铆钉连接,简称铆接,属与不可拆卸连接。要使连接在一起的两个零件分开,必须破坏零件上的铆钉。无人机行业用抽铆钉较多。

3.2.2　螺旋桨的认知

在前序教材中我们讲过升力公式,升力公式在流体力学中的"地位"相当于牛顿一、二、三定律在物理学中的"地位"。升力公式从理论上定量地解释了飞机为什么能飞起来。简单来说就是:谁的机翼迎角大谁升力大;谁的机翼弯谁升力大;谁飞得快或者谁旋翼转得快谁升力大;谁的面积大谁升力大,如图 3-7 所示。螺旋桨就是依据升力公式工作的。

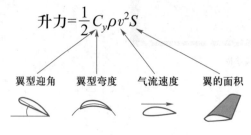

$$升力=\frac{1}{2}C_y\rho v^2 S$$

图 3-7　影响升力的 4 个原因

　　螺旋桨是一个旋转的机翼。所以螺旋桨的迎角越大,产生的升力越大。也就是哪个螺旋桨看着更陡一些,螺距更大一些,升力就更大一些,如图 3-8 所示。

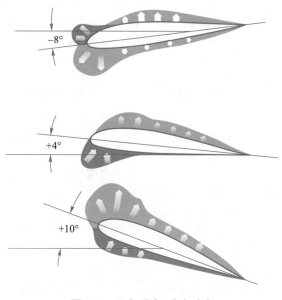

图 3-8　迎角越大,升力越大

　　螺旋桨是一个旋转的机翼。所以螺旋桨的转速越快,产生的升力越大,如图 3-9 所示。

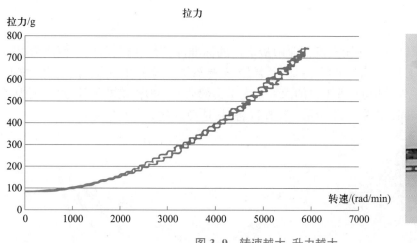

图 3-9　转速越大,升力越大

　　现代螺旋桨(propeller)的故事很长,之所以叫作桨,是因为它来源于西方的航海。如果当年是中国人发明了飞机,那螺旋桨或许会沿用它两千年来的名称——竹蜻蜓！螺旋桨安装在固定翼无人机上,主要用来产生拉力,所以我们习惯上把它依然叫作桨;当螺旋桨安装在旋翼无人机上,这时主要用来产生升力,我们就把它叫作旋翼了,如图 3-10 所示。

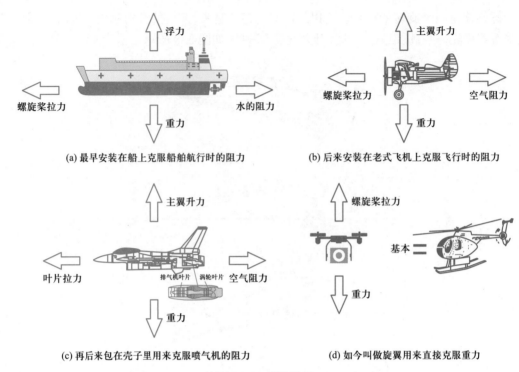

(a) 最早安装在船上克服船舶航行时的阻力　　　(b) 后来安装在老式飞机上克服飞行时的阻力

(c) 再后来包在壳子里用来克服喷气机的阻力　　　(d) 如今叫做旋翼用来直接克服重力

图 3-10　桨的发展

3.2.3　预防性维护的主要工具

1. 内六角扳手

内六角螺栓 / 螺钉是当前无人机行业中最常用的标准件,所以内六角扳手便成为拆装中最常见的工具,有 L 形、P 形、T 形、三通形、棘轮形、螺丝刀形等各种外形。国内内六角扳手头部截面一般是正六边形的,进出口的内六角扳手头部截面一般是梅花形的,这是因为各国执行的机械标准不同,如图 3-11 所示。操作准备时,选择好截面类型与规格。

(a) L形内六角扳手

(b) T形内梅花扳手

图 3-11　内六角扳手

2. 螺母扳手

多旋翼无人机结构中稍大一些的内六角螺栓一般都会配合锁紧型六角螺母使用,因此还得选用合适的螺母扳手来操作六角螺母。实际操作中开口扳手和套筒扳手最为常用,如图 3-12 所示。操作准备时,选择好截面类型与规格。

(a) 开口扳手 　　　　　　　　　　　　　　(b) 套筒扳手

图 3-12　螺母扳手

任务实施 ▶▶▶

3.2.4　多旋翼无人机预防性维护操作

操作步骤	操作说明	示意图
1	通过例行检查与飞行前、后检查,检查多旋翼机体结构、紧固件、桨、线缆接头等情况;如果出现了小问题,就需要开展预防性维护	
2	桨的检查与维护: 螺纹式固定桨,内部自带螺纹。一般直接拧紧固定在电动机上。此类桨除检查外观外,还需要检查螺纹是否有问题。出现问题要果断更换	

操作步骤	操作说明	示意图
3	桨的检查与维护： 桨夹式固定桨,即常见的折叠桨。一般使用桨夹固定桨叶,再安装到电动机上。要使用相应工具检查螺旋桨上各螺钉的松紧度;螺旋桨上的螺钉安装时需要打上螺丝胶	
4	桨的检查与维护： 常见的卡簧快拆桨,通过和电动机上的桨夹卡扣相互卡住,固定在电动机上。这类桨除外观外,重点检查桨卡扣、电动机卡扣的可靠性。出现问题要果断更换	
5	紧固件的检查与维护： 固定电动机的螺钉面临震动的环境,也是重点检查与维护的对象;使用相应工具检查各螺钉的松紧度;螺钉安装时需要打上螺丝胶。紧固件损坏的要及时更换	
6	紧固件的检查与维护： 对于机体结构处的螺钉、螺栓、螺母,使用相应工具检查松紧度;螺母要使用防松型螺母;紧固件损坏的要及时更换	

续表

操作步骤	操作说明	示意图
7	紧固件的检查与维护： 　螺母的紧固工具要选用开工扳手或套筒扳手等专用工具；不推荐使用老虎钳或尖嘴钳进行螺母紧固	
8	紧固件的检查与维护： 　多旋翼无人机的结构件有些会使用卡紧方式安装，例如部分多旋翼无人机的脚架。这类安装的检查与维护需要使用橡胶锤等工具敲紧，检查	

3.2.5　固定翼无人机预防性维护操作

操作步骤	操作说明	示意图
1	桨的检查与维护： 　固定翼无人机的桨比多旋翼无人机的厚重，尺寸一般也更大一些。电动固定翼无人机的桨一般使用子弹头桨帽安装。检查与维护时要查看桨帽螺纹是否有问题，安装松紧度是否合适。桨的凸面要朝向飞行方向	

续表

操作步骤	操作说明	示意图
2	桨的检查与维护: 　大型油动固定翼无人机的桨,一般使用多个带光杆的螺钉安装,长时间的震动或可导致螺钉出现剪切损伤,对其要进行重点检查,有问题要果断更换。 　发动机一般都是前视逆时针旋转的,所以拉进式布局的无人机要使用拉桨(正桨、CCW),推进式布局的无人机要使用推桨(反桨、CW),不能选错桨	
3	紧固件的检查与维护: 　起落架及一些关键承力结构上的紧固件要仔细进行检查与维护	
4	紧固件的检查与维护: 　操纵系统,例如舵机、摇臂、连杆等上的紧固件,虽然受力不大,但其可靠性直接关系到飞行安全,是需要重点检查与维护的	

续表

操作步骤	操作说明	示意图
5	紧固件的检查与维护： 很多固定翼无人机都会使用碳管插销进行机身、机翼、尾翼之间的组装,组装到位后还会有不同方式的机构来锁紧。所以为了飞行的安全,我们还要重点检查与维护插销、电缆插头及相应锁紧机构	 中部机翼

任务考核 ▶▶▶

1. 笔试考核(5 分钟)

个人在规定时间内完成 2 道问答题。

(1) 螺栓和螺钉有什么区别?

(2) 船的螺旋桨与多旋翼的螺旋桨有什么不同?

2. 实践考核(15 分钟)

分小组在规定时间内完成 2 种教具无人机、4 种螺旋桨的对应选择与安装,并进行相应记录。

(1) 准备器材:多旋翼无人机、无人直升机、固定翼无人机机体任选 2 种,螺旋桨任选 4 种,相应标准件与工具等。

(2) 进行分组:3 人为 1 组,2 人进行实践操作,1 人进行记录。

(3) 考核要求:选择正确的桨;按流程进行操作;正确完成安装;记录遇到的主要问题,解决方法。

3. 课后要求

以小组为单位,上网搜集 10 种型号的无人机,整理各种无人机对应的桨的类型、尺寸、规格、材质、售价。下次课上交,讨论。

任务 3.3　无人机清洁与防护操作

　　无人机是精密的机器,所以擦拭无人机也没有那么简单,合理的清洁与维护可以延长使用寿命、保证飞行安全。

　　为顺利掌握这一技能,需要了解清洁与防护对于防止机械设备损伤与失效、防止电路电缆短路与失效、防腐蚀与防毒的重要意义,并熟悉各种类型无人机机体、电缆插头,清洁与防护的基本操作流程。

知识准备 >>>

3.3.1　防止机械设备损伤与失效

　　无人机的发动机、电动机等设备都是高速运转的,如果有异物进入运转机构内,势必会造成机械损伤,严重影响设备寿命,造成飞行危险;无人机的操纵系统是需要稳定可靠动作的,如果有异物侵入,也会影响飞行的安全性;等等。此类造成机械设备损伤与失效的情形,如图 3-13 所示。

3.3.2　防止电路电缆短路与失效

　　无人机系统中,裸露的电路板如果遭到异物侵袭,可能会造成短路,甚至会烧坏关键设备;各类动力、控制电缆及其插头,在频繁地使用中,本身可能会失效,同时也会被异物影响;等等。此类造成电路电缆短路与失效的情形,如图 3-14 所示。

(a) 周边的异物进入电动机壳体内部　　　　(b) 周边的异物通过汽化器进入发动机内部

(c) 异物通过油路进入发动机内部

(d) 周边的异物进入遥控器摇杆缝隙

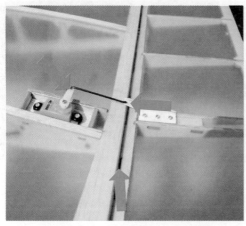

(e) 周边的异物进入操纵机构或舵面缝隙

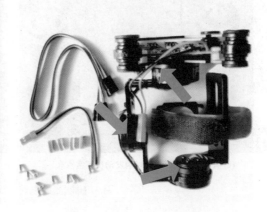

(f) 周边的异物进入云台电动机缝隙

图 3-13　造成机械设备损伤与失效的情形

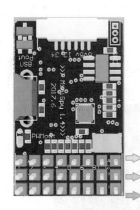

(a) 异物引起电源和地短接会造成设备损坏

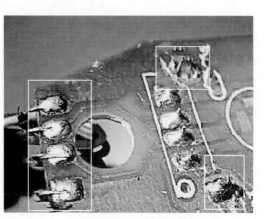

(b) 无防护的焊点与接头容易失效

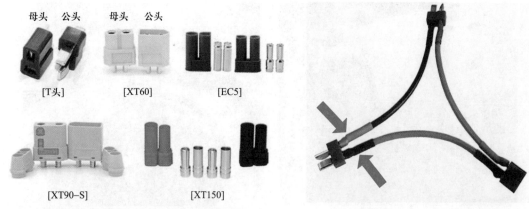

<table>
<tr><td>母头 公头</td><td>母头 公头</td></tr>
</table>

[T头]　　[XT60]　　[EC5]

[XT90-S]　　[XT150]

(c) 插头进入异物会造成连接不可靠及插针损坏

(d) 做好绝缘保护可防止电缆被异物侵袭

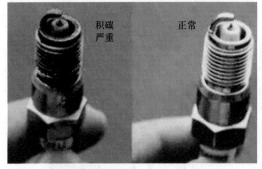

积碳
严重　　　正常

(e) 火花塞积炭严重会影响发动机正常点火

(f) 整机特别是电路要防止进水

图 3-14 造成电路电缆短路与失效的情形

任务实施 ▶▶▶

3.3.3 多旋翼无人机机体清洁与防护操作

操作步骤	操作说明	示意图
1	准备相应维护工具箱。工具箱内工具用于机体部分结构的拆卸,以便于维护与清洁	

续表

操作步骤	操作说明	示意图
2	准备清洁剂。无人机当前用得比较多的清洁剂是 IPA(异丙醇光学清洁剂)和 WD-40(除锈润滑剂)。其中 IPA 清理光学器件好一些,比较柔和;WD-40 清理金属结构好一些,可以强力去污 在清洁多旋翼无人机时,常使用 IPA	
3	准备擦拭用品,例如超细纤维布。超细纤维是清理机体灰尘和污垢的另一个重要工具,可以对精细部件进行清洁,与 IPA 搭配使用效果更佳	
4	清洁时多旋翼无人机一定要保持断电状态	

续表

操作步骤	操作说明	示意图
5	多旋翼无人机机体的基本清洁从外观开始,观察是否有灰尘、水渍、油渍,初步可以使用湿纸巾擦拭。如果污化严重,换用 IPA	
6	使用纸巾、纤维布等清洁时注意避开脆弱的电路板;不要损伤电缆的连接	
7	使用柔软的毛刷、牙刷等,可以清除机体角落与缝隙中的尘垢	

续表

操作步骤	操作说明	示意图
8	多旋翼无人机在沙尘较大的环境下作业后,电动机由于磁性的缘故会吸附细微的金属颗粒,影响正常运转,这时需要使用气泵或者罐装压缩空气清除	

3.3.4　固定翼无人机机体清洁与防护操作

操作步骤	操作说明	示意图
1	泡沫塑料材质飞机的表面浮尘及污渍,要使用绵柔的擦机布清洁,可搭配清水或日常使用的洗涤灵。不要使用清洁剂	
2	复合材料材质飞机的表面污渍使用绵柔的擦机布配合酒精、IPA、WD-40,甚至更强力的化油器清洗剂进行清理都可以	

操作步骤	操作说明	示意图
3	汽化器节气门、火花塞上的强力污渍,直接使用化油器清洗剂进行清理	
4	发动机散热片使用毛刷清理	
5	其他结构缝隙中的异物,使用毛刷清洁	
6	使用WD-40对弹簧、轮轴等进行除锈与润滑处理。如果锈蚀不多,也可以直接使用喷雾黄油进行润滑处理	

操作步骤	操作说明	示意图
7	使用注射器,为操纵机构活动关节处滴入少量润滑油,确保动作顺畅	
8	使用擦机布,搭配清水或洗涤灵,清理木制螺旋桨表面污渍	

任务考核 ▶▶▶

1. 笔试考核(5 分钟)

个人在规定时间内完成 2 道问答题。

(1) 污渍、灰尘、异物造成无人机机械设备损伤与失效的情形都有哪些?

(2) IPA、WD-40、化油器清洗剂、喷雾黄油,各在什么情况下使用?

2. 实践考核(15 分钟)

分小组在规定时间内完成两型教具无人机机体清洁操作。

(1) 准备器材:教具多旋翼无人机、教具固定翼无人机、湿纸巾、纤维布、气泵、毛刷、IPA、WD-40、相应量具 / 工具等。

(2) 进行分组:3 人为 1 组进行实践操作。

(3) 考核要求:选择正确的工具、材料、设备;按流程进行操作。

3. 课后要求

以小组为单位,编写"多旋翼教具无人机清洁程序"检查单、"固定翼教具无人机清洁程序"检查单。下次课上交检查。

任务 3.4   油动动力系统日常维护操作

　　油动无人机拥有充足的马力与长久的留空时间,但其动力系统却远比电动动力复杂,对其维护需要分别从桨、机、气、火、油 5 部分入手。为顺利掌握这一技能,需要了解油动动力系统各组成部分的相关知识,特别要熟悉进气系统、点火系统、供油系统日常维护的典型操作。

知识准备 ▶▶▶

3.4.1   油动动力系统中的桨

　　油动无人机的桨多为榉木或桦木材质,因为是木制,所以表面或边缘更容易受到破坏,维护中需要特别注意,如图 3-15(a)所示。油动桨多用在固定翼无人机中,电动桨多用在多旋翼无人机中,因为飞行模式的不同,固定翼无人机桨更陡一些,桨径一般超过螺距两倍以上,例如 13 in × 9 in 的是油动桨,而 13 in × 5 in 的是电动桨,更换中不能搞错,如图 3-15(c)所示。

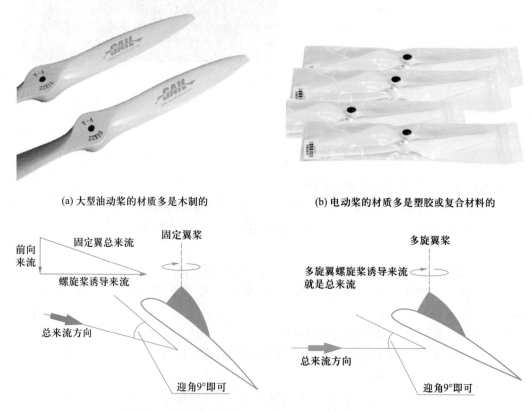

(a) 大型油动桨的材质多是木制的　　　　　　　　(b) 电动桨的材质多是塑胶或复合材料的

(c) 固定翼无人机上的油动桨一般比多旋翼无人机上的电动桨更陡一些

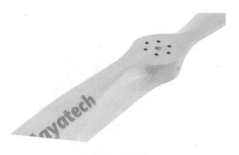

(d) 油动桨一般厚重一些

(e) 电动桨一般薄一些

图 3-15 油动动力系统中的桨

3.4.2 油动动力系统中的机

　　油动动力系统中的机指的是烧油的发动机,电动动力系统中的机指的是用电的电动机,如图 3-16(a)、(b)所示。电动机结构很简单,维护也简单;发动机结构比较复杂,周边设备也多,所以维护非常麻烦。发动机调速使用的是舵机,电动机调速使用的是电调,如图 3-16(c)、(d)所示,所以动力系统维护中,油门舵机、电调等也是需要重点维护的对象。

(a) 油动动力系统中的机指的是发动机

(b) 电动动力系统中的机指的是电动机

(c) 油机调速使用舵机

(d) 电动机调速使用电调

图 3-16 油动动力系统中的机

3.4.3 油动动力系统中的气

燃油必须和空气充分混合,才能在气缸中爆炸做功。混合靠的就是进气系统,这里的气指的是混合气。无人机的进气系统也像汽车一样,分为传统的化油器进气系统和新潮的电喷进气系统两类,只是目前无人机的电喷进气系统还在发展,实用中还是化油器的比较多,如图 3-17 所示。对进气系统维护时,要根据其类型的不同,进行不同的操作。

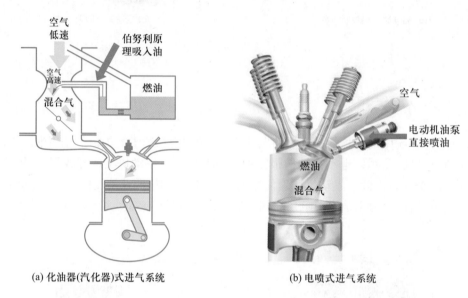

(a) 化油器(汽化器)式进气系统　　　　(b) 电喷式进气系统

图 3-17　油动动力系统中的气

3.4.4 油动动力系统中的火

混合油需要点燃才能爆炸做功。点燃靠的就是点火系统。无人机的点火系统分为传统的磁电机点火系统和较新型的 CDI 电子点火系统两类。磁电机点火系统需要在发动机上安装磁铁和感应线圈,较笨重,但不需要其他外置电源,发动机运转中,线圈感应发电,直接为火花塞点火;CDI 点火系统,需要安装一个小点火器,这个点火器需要机载电源供电,点火器会直接产生高压电为火花塞点火,如图 3-18 所示。对点火系统维护时,要根据其类型的不同,进行不同的操作。

3.4.5 油动动力系统中的油

油动无人机的供油系统为发动机提供燃油,对其维护,主要是维护油箱与油路。油箱的出油口通过管路与发动机进气系统连接,实现燃油的供给;出油口的另一端,连接油箱内部管路,内部管路尽头是重锤,重锤保证无人机在任何姿态都能吸到油;油箱的通气口,保证油料减少后自动补偿空气,以实现持续供油;油箱的加油口供加油时专门使用。如图 3-19(a)

所示。当前使用的主流无人机发动机,无论是两冲程还是四冲程,都是使用混合油料的,需要按比例进行汽油与润滑油的配比。正确的油料配制,也是维护的基本工作之一。合格的混合油,才能保证发动机的正常运转与寿命,如图 3-19(b)所示。

(a) 古老的磁电机点火

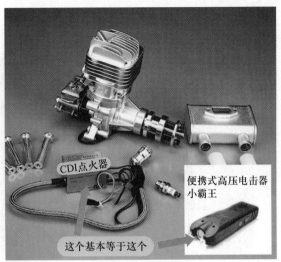

(b) 简单的电子点火

图 3-18　油动动力系统中的火

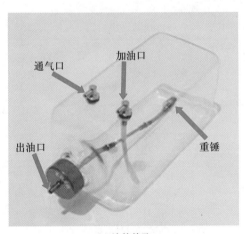

(a) 油箱管路

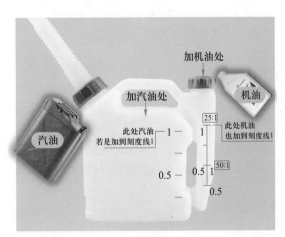

(b) 使用混合油

图 3-19　油动动力系统中的油

□ 任务实施 >>>

3.4.6　进气系统日常维护操作

操作步骤	操作说明	示意图
1	化油器内部维护: 维护化油器(汽化器)内部,要使用专用的化油器清洁剂	
2	化油器清洁剂,有一定的腐蚀性,在使用过程中,人员要戴好口罩和手套	
3	化油器内部,清洁剂的重点喷涂部位为阻风门、喷口、节气门、喉管内壁	

操作步骤	操作说明	示意图
4	在重点部位喷涂后,待清洁剂将污渍溶化,倒置化油器进气口,排出浑浊液体	
5	化油器滤网维护: 如果要进一步清洁化油器滤网,则需要使用配套工具将化油器整体从发动机缸体上拆除	
6	使用化油器清洁剂全面喷涂滤网,清洗后的滤网表面不能存在油污或者颗粒状杂质	
7	清洁完后,将化油器与滤网安装回原位。滤网上有特定的开口,安装时要注意滤网的正反	

操作步骤	操作说明	示意图
8	对化油器的表面,以及发动机其他部分的表面,要使用 WD-40 除锈润滑剂喷涂 　未经专门培训,不要拆卸发动机缸头、活塞等	

3.4.7　点火系统日常维护操作

操作步骤	操作说明	示意图
1	首先拔除高压缸线,露出火花塞	
2	使用专用的火花塞套筒扳手,拆卸掉原有火花塞	

续表

操作步骤	操作说明	示意图
3	检查火花塞。如果电极附件出现疤痕、熔化、严重烧蚀、严重积碳、绝缘体断裂、电极变圆等现象，则要果断更换，选取同规格新火花塞	
4	如果没有其他破坏，只是有部分积碳，则需要用化油器清洁剂、柔软的毛刷等清洗掉。积碳会形成电阻，导致点火不畅，发动机加速无力等现象	
5	对清洗后的或新的火花塞进行检查。主要检查电极间隙是否符合电火标准。一般电极间距在0.6~1.3 mm 之间	
6	重新安装火花塞,安装缸线	

续表

操作步骤	操作说明	示意图
7	对于磁电机点火系统,还要检查磁铁与线圈的间隙中是否有异物颗粒,如有,得使用高压气体吹除	 此间隙
8	对于 CDI 点火系统,则要检查点火器的电源。机载电源直接供电的检查电缆连接;点火电池独立供电的,检查点火电池有效性	 CDI点火器电源

3.4.8　供油系统日常维护操作

操作步骤	操作说明	示意图
1	油动无人机的例行检查和飞行前检查中,都要对供油管路进行重点检查。首先,检查管路各处连接是否紧固	

操作步骤	操作说明	示意图
2	其次,检查管路中是否存在大量气泡,气泡多的话,需要用手指头弹出,或用其他方法排出	
3	检查管路中是否有折弯现象,有的话需要调整管路或重新布设	
4	检查管路中是否有挤压现象,有的话需要调整管路或重新布设	

续表

操作步骤	操作说明	示意图
5	油动动力系统每运转 20~50 h,需要对油箱进行例行维护,检查油箱封闭情况和内部管路老化情况	
6	油箱内部管路,要重点检查重锤、重锤滤网、重锤连接管等的综合情况,以确保可靠	

任务考核 >>>

1. 笔试考核(5 分钟)

个人在规定时间内完成 2 道问答题。

(1) 无人机油动动力系统中的"桨""机""气""火""油"分别指的是什么?

(2) 油动无人机的两种点火方式是什么?

2. 实践考核(30 分钟)

分小组在规定时间内完成教具发动机进气系统的清洁操作。

(1) 准备器材:发动机、纤维布、毛刷、WD-40、化油器清洁剂、相应量具 / 工具等。

(2) 进行分组:3 人为 1 组进行实践操作,2 人进行实践操作,1 人进行记录。

(3) 考核要求:选择正确的工具、设备;按流程进行操作。

3. 课后要求

以小组为单位,编写"教具发动机维护程序"检查单。下次课上交检查。

任务 3.5　电动动力系统日常维护操作

电动动力系统是现代航空重要的发展方向,其在无人机中的使用最为广泛,对其维护需要分别从桨、机、调、池 4 部分入手。为顺利掌握这一技能,需要了解电动航空动力系统的发展、动力电池的规格与维护等相关知识,并熟悉电池串联电缆、并联电缆焊接等操作。

知识准备 ▶▶▶

3.5.1　电动航空动力系统的进步

人类利用能源的历史,同样也是人类认识和征服自然的历史。其经历五个阶段:

(1) 原始时代:火的发现和利用。

(2) 古典时代:畜力、风力、水力等自然动力的利用。

(3) 工业时代:化石燃料煤、石油的开发及利用。

(4) 信息时代:电力的开发及利用。

(5) 未来时代:原子核能的开发及利用。

我们正处于第四个阶段,即开发及利用电力阶段。目前,电力在航空的使用和发展才刚刚起步,电动无人飞行器逐渐普及,电动载人飞行器已初上蓝天。

简单来讲,电动航空动力系统分为四大组成部分——桨、机、调、池。

过去造不出今天这样又轻、又薄、又不变形的螺旋桨,如图 3-20 所示。最好的木头模量为 12 GPa,碳纤维模量为 220 GPa(比钢还厉害)。

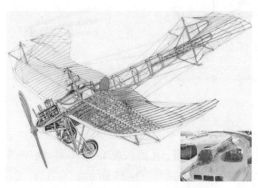

(a) 一百年前,用厚重的木制螺旋桨　　(b) 今天, 这么大, 但仍然很轻的巨型螺旋桨

图 3-20　螺旋桨的进步

电动机是把电能转换为动能的转化器。早期电动机的转化效率为 20% 左右,今天能超过 90%。多旋翼无人机上多使用永磁电动机,哪个永磁体磁力大,哪个效率就高。最早的永

磁体是黑颜色的磁铁,主要成分是三氧化二铁,磁感应强度 0.4 T;今天用的是磁钢,颜色和铝差不多,成分是钕铁硼,磁感应强度 1.4 T,如图 3-21 所示。

(a) 铁氧体(磁铁)

(b) 钕铁硼(磁钢)

图 3-21 电动机的进步

电动机的实际使用中是需要调速器的。调速器必然会有一定的能量损失,所以几百年来调速器也在不断进化。我们初中物理课程学习的滑动变阻器就是一种最早期的纯机械调速器,效率不高又不够安全。后来到了晶体管时代,我们使用晶闸管调速,性能提高了一点。当今,我们使用变频器调速,电动飞机上的电子调速器(Electronic Speed Control,ESC)就是一种特殊的变频器,它能够把电池 2 根线的直流电变成一定频率的交流电通到外转子无刷同步交流电动机的 3 根线上,频率高转速就高,频率低转速就低,如图 3-22 所示。

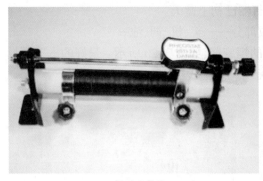
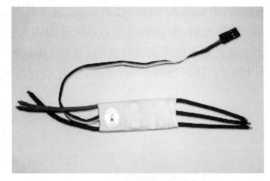

(a) 滑动变阻器

(b) 电调(ESC)

图 3-22 调速器的进步

同样重量的电池谁能量多,谁的能量密度就大。二百年来,电动系统桨、机、调、池中进步最大的就是电池,人类正一步步在向变形金钢的能量块挺进,如图 3-23 所示。

3.5.2 桨、机、调的维护

电动桨相对小和便宜,有问题我们倾向于换,而不是修。

桨主要规格有桨径和桨距(也叫螺距),使用 4 位数字表达,前面 2 位代表桨的直径[单位:英寸(in),1 in=25.4 mm],后面 2 位是桨的桨距。1204 比 1104 的桨看起来大,1105 比 1104 的桨看起来陡。无人机或电动机说明书上,会说明本机适合哪几种规格的桨,如图 3-24 所示。

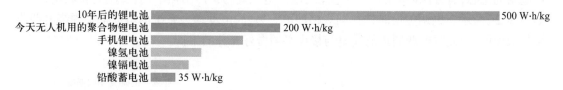

图 3-23　电池的巨大进步

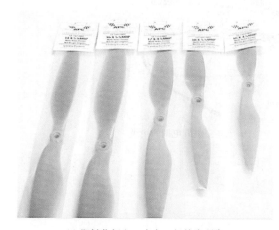

(a) 塑料桨便宜、皮实,但效率不高　　　　(b) 碳纤桨效率高,也结实,但是贵

图 3-24　螺旋桨的选配与更换

无人机设计时,会根据需要的瓦数(功率)选用电动机。选外转子无刷电动机,效率高,飞的时间长。同功率下选最扁的电动机,效率高,飞的时间长,如图 3-25 所示。对于成品无人机,电动机规格已经确定,更换时必须选择同品牌、同规格。

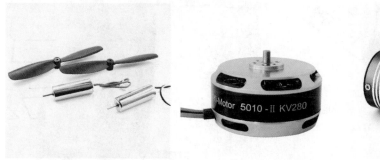

(a) 内转子有刷电动机　　　　(b) 外转子无刷电动机　　　　(c) 内转子无刷电动机

图 3-25　电动机的选配与更换

电调负责把电池里的能量按自驾仪或遥控器的要求分配给电动机。所以电调规格又得适应电动机,又得适应电池。电动机决定了电调的电流规格。一般选取巡航状态下电动机电流 4~5 倍规格的电调使用。这样可以给电流留够充足的余量,保证在打桨时电流激增不至于烧毁电调。电池决定了电调的电压规格。很多电调还自带 BEC 功能,BEC 是英文免电池电路的意思,有分流供电能力,可将动力电池电压变为 5 V 电压给飞控或遥控接收机供电,如图 3-26 所示。电调更换时选择同规格即可。另外,电动动力系统的电缆都是围绕电调连接与敷设的,因此对电调周边的线材与接头必须做好充分的维护。

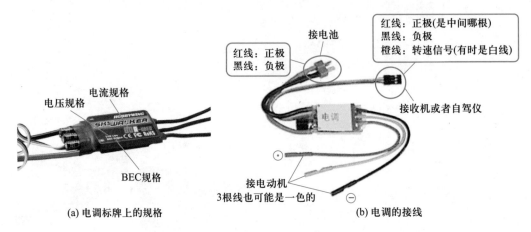

(a) 电调标牌上的规格   (b) 电调的接线

图 3-26   电子调速器的选配与更换

3.5.3   动力电池的规格与维护

电动动力系统的无人机一般会选高放电倍率聚合物锂电池作为能源。手机电池不行,放电能力不够。电动无人机在设计时,在载重允许范围内,想飞得久,电池容量越大越好,也就是越重越好;同等容量下电压越高越好,也就是串联的片数越多越好,因为这样效率高,如图 3-27 所示。而对于成品无人机,电池更换时,主要需要保证的规格是电压与放电能力。

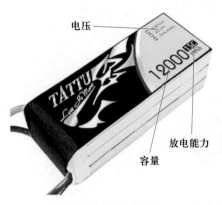

(a) 电池标牌上的规格   (b) 鼓包的电池容量会严重损失,充电还会着火

图 3-27   电池的选配与更换

1. 动力电池的容量

用 A·h(安时)或者 mA·h(毫安时)标注,这表示在一定条件下(放电倍率、温度、终止电压等)电池放出的电量的大小,可以理解为是电池的容量,通常以 A·h 为单位,比如标称 1 000 mA·h 电池,如果以 1 000 mA 放电,可持续放电 1 h。如果以 500 mA 放电,可以持续放电 2 h。但是因为电池放电并不均匀,实际上和理论上还是有些差距(严格地说,电池容量应该以 W·h 表示,A·h 乘以电压就是 W·h,例如坐飞机限制携带电池的容量是 160 W·h)。

2. 动力电池的电压

用 V(伏特)标注,表示了正负极之间的电压压降。目前工业生产的每一个聚合物锂电池单体电芯的额定电压都是 3.7 V,为了让电池能有更高的工作电压和电量,必须对电池单体电芯进行串联和并联构成聚合物锂电池组,电池组上面经常出现 S 和 P 的字样,S 表示串联,P 表示并联。比如"6S1P"就是 6 节电芯串联,而如果是 4S2P 就是每 4 节电芯串联,然后 2 串这样的电芯组再并联成一块完整的电池。电芯单体 1 节标准电压为 3.7 V,那么 2S 电池,就是代表有 2 个 3.7 V 电池在里面,即电压为 7.4 V。

3. 动力电池的放电倍率

动力电池(聚合物锂电池)能以很大电流放电,普通锂离子电池(手机用的)不能以大电流放电,这是两者最重要的区别之一。放电倍率代表了聚合物锂电池放电电流的大小,代表电池放电能力,这个放电能力就是用 C 来表示,表示电池充放电时电流大小的比率,即倍率。如 1 200 mA·h 的电池,0.2C 放电表示放电电流 240 mA(1 200 mA·h 的 0.2 倍率),1C 放电表示放电电流 1 200 mA 即 1.2 A(1 200 mA·h 的 1 倍率)。比如 1 块 1 000 mA·h 电池,规格为 5C,那么用 5×1 000 mA·h,得出该电池可以以最大 5 A 的电流放电。这很重要,如果用低 C 的电池,大电流放电,电池会迅速损坏,甚至自燃。另外倍率越高电池越贵。同容量的 30C 电池可能价格是 5C 的 3~4 倍。

4. 动力电池的充电倍率

与上面的 C 一样,只是将放电变成了充电,如 1 000 mA·h 电池,2C 快充,就代表可以用 2 A 的电流来充电。千万不要图快贸然用大电流,超过规定参数充电,电池很容易缩短寿命和损坏。

5. 动力电池的放电终止电压

聚合物锂电池的额定电压为 3.7 V,终止放电电压为 2.5~2.75 V(电池厂给出工作电压范围或给出终止放电电压,各参数略有不同)。电池的放电终止电压不应小于 2.5 V,低于终止放电电压继续放电称为过放,过放会使电池寿命缩短,严重时会导致电池失效,其中聚合物锂电池过放会"涨肚",内部产生气体,不可复原。电池不用时,应将电池充电到保有 20% 的电池容量以上,再进行防潮包装保存,3~6 个月检测电压 1 次,并进行充电,保证电池电压在安全电压值(3 V 以上)范围内。

6. 动力电池的放电温度

动力电池不同温度下的放电曲线是不同的。在不同温度下,放电电压及放电时间也不同,电池应在 –20~60 ℃范围内进行放电(工作)。聚合物锂电池中聚合物和凝胶态电解质的离子传导率不如普通锂离子电池液态电解质那么高,因此在高倍率放电和低温情况下性能不佳。所以低温环境飞行前,需要给电池做好保温。

7. 动力电池的串并联改装

桨、机、调、池是需要匹配在一起工作的,如果不匹配,会牵扯到一些匹配性改装工作。

例如一些无人机的动力系统是高压的,需要 12S(12×3.7 V)的电压,但出于采购与成本的原因,手头只有 6S 的电池,这时就需要焊接出串联电池的改装线。再比如要简单地提高 6S 动力系统固定翼无人机的航时,1 块 6S 动力电池续航时间为 1 小时,想让续航时间达到 1.5 小时以上,这时就需要焊接出并联电池的改装线,以将两块 6S 动力电池并联到一起,如图 3-28 所示。

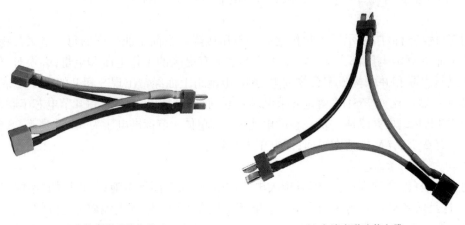

(a) 电池并联改装电缆   (b) 电池串联改装电缆

图 3-28 匹配性改装中的并联与串联

任务实施 ▶▶▶

3.5.4 动力电池串联电缆焊接操作

操作步骤	操作说明	示意图
1	准备好和原电池同型号的电缆连接器(插头、插座);准备合适规格与尺寸的硅胶电缆线	母头 公头 母头 公头 [T头] [XT60] [EC5] [XT90-S] [XT150]

续表

操作步骤	操作说明	示意图
2	准备好相应工具:电烙铁、焊锡丝、助焊剂、清洁球、热风枪、热缩管、剥线钳、台钳	
3	使用剥线钳,剥掉各个 14# 硅胶线线头约 1 cm 的外皮;使用电烙铁、焊锡丝、阻焊剂给线头上锡	
4	使用台钳固定住两个插头;用电烙铁给插头镀锡;将剥好的黑色硅胶线一头焊接到右侧插头的正极;给黑色硅胶线套上热缩管;将黑色硅胶线另一头焊接到左侧插头的负极;继续给左侧插头焊上红线,给右侧插头焊上黑线;套对应颜色热缩管	

操作步骤	操作说明	示意图
5	使用台钳固定住第三个插头;用电烙铁给插头镀锡;将未焊接的黑色硅胶线焊接到插头的负极;将未焊接的红色硅胶线焊接到插头的正极	
6	把热缩管套到每根焊接好的线材根部,使用热风枪缩紧热缩管,完成串联电缆的焊接 使用万用表测量,确保电缆没有短路与断路	
7	准备两块同规格动力电池;分别使用万用表测量每一块的电压	

续表

操作步骤	操作说明	示意图
8	将两块电池连接到串联电缆上;使用万用表测量总电压 总电压应为:$U_总 = U_1 + U_2$	

3.5.5 动力电池并联电缆焊接操作

操作步骤	操作说明	示意图
1	准备好和原电池同型号的电缆连接器(插头、插座);准备合适规格与尺寸的硅胶电缆线	母头 公头　母头 公头 [T头]　[XT60]　[EC5] [XT90–S]　[XT150]

215

操作步骤	操作说明	示意图
2	准备好相应工具:电烙铁、焊锡丝、助焊剂、清洁球、热风枪、热缩管、剥线钳、台钳	
3	使用剥线钳,剥掉各个 14# 硅胶线线头约 1 cm 的外皮;使用电烙铁、焊锡丝、阻焊剂给线头上锡	
4	将剥好的 2 根 14# 红色硅胶线一侧线头捻在一起;然后用电烙铁、焊锡丝,给捻和处上锡,并套热缩管;给每根红线的另一侧套上对应颜色的热缩管;按同样步骤处理黑线	

续表

操作步骤	操作说明	示意图
5	使用台钳依次固定3个插头；使用电烙铁给插头上锡；把线材焊接到插头上 　　正极均焊接红线；负极均焊接黑线	
6	把热缩管套到每根焊接好的线材根部，使用热风枪缩紧热缩管，完成并联电缆的焊接 　　使用万用表测量，确保电缆没有短路与断路	
7	准备两块同规格动力电池；分别使用万用表测量每一块的电压	

续表

操作步骤	操作说明	示意图
8	将两块电池连接到并联电缆上;使用万用表测量总电压 总电压基本不变	

任务考核 ▶▶▶

1. 笔试考核(5 分钟)

个人在规定时间内完成 2 道问答题。

(1) 无人机电动动力系统中的"桨""机""调""池"分别指的是什么?

(2) 动力电池的规格与数据表示都有哪些?

2. 实践考核(30 分钟)

分小组在规定时间内完成动力电池串并联电缆的焊接操作。

(1) 准备器材:动力电池、电烙铁、焊锡、万用表、硅胶线、电缆连接器、相应工具等。

(2) 进行分组:3 人为 1 组进行实践操作,2 人进行实践操作,1 人进行记录。

(3) 考核要求:选择正确的工具、材料、设备;按流程进行操作。

3. 课后要求

以小组为单位,编写"教具电动动力系统维护程序"检查单。下次课上交检查。

参考文献

［1］ 雷曼尔.现代飞机设计［M］.钟定逑,译.北京:国防工业出版社,1992.
［2］ 陈勤,吴华宇.大学摄影教程［M］.北京:人民邮电出版社,2013.
［3］ 孙毅,王英勋.无人机系统基础教程［M］.西安:西北工业大学出版社,2020.
［4］ 孙毅,王英勋.无人机驾驶员航空知识手册［M］.北京:中国民航出版社,2014.
［5］ 方宝瑞.飞机气动布局设计［M］.北京:航空工业出版社,1997.
［6］ 宋笔锋.航空航天技术概论［M］.北京:国防工业出版社,2006.
［7］ 顾诵芬,等.飞机总体设计［M］.北京:北京航空航天大学出版社,2002.
［8］ 徐鑫福,等.现代飞机操纵系统［M］.北京:北京航空航天大学出版社,1987.
［9］ 郭锁凤,等.先进飞行控制系统［M］.北京:国防工业出版社,2003.
［10］ 杨景佐,曹名.飞机总体设计［M］.北京:航空工业出版社,2003.
［11］ 中国大百科全书总编辑委员会.中国大百科全书:航空航天［M］.北京:中国大百科全书出版社,1985.
［12］ 朱宝鎏.无人飞机空气动力学［M］.北京:航空工业出版社,2006.
［13］ 谢础,贾玉红.航空航天技术概论［M］.北京:北京航空航天大学出版社,2005.
［14］ 顾诵芬.航空航天科学技术:航空卷［M］.济南:山东教育出版社,1998.
［15］ 张明廉.飞行控制系统［M］.北京:航空工业出版社,1994.
［16］ 顾诵芬.21世纪学科发展丛书·现代航空科学技术:蓝天雄鹰探秘［M］.济南:山东教育出版社,2001.
［17］ 王志瑾,姚卫星.飞机结构设计［M］.北京:国防工业出版社,2007.
［18］ 刘植桢,等.计算机控制［M］.北京:清华大学出版社,1981.
［19］ 李友善,等.自动控制原理(修订版)［M］.北京:国防工业出版社,1989.
［20］ 《飞机设计手册》总编委会.飞机设计手册［M］.北京:航空工业出版社,1996.
［21］ 胡兆丰,等.飞行动力学——飞机的稳定性和操作性［M］.北京:国防工业出版社,1985.
［22］ 杨华保.飞机原理与构造［M］.西安:西北工业大学出版社,2002.
［23］ 陈廷楠.飞机飞行性能品质与控制［M］.北京:国防工业出版社,2007.
［24］ 朱自强,吴宗成.现代飞机设计空气动力学［M］.北京:北京航空航天大学出版社,2005.
［25］ 章澄昌.飞行气象学［M］.北京:气象出版社,2000.
［26］ 宋翔贵,等.电传飞行控制系统［M］.北京:国防工业出版社,2003.